普通高等教育应用技术型院校艺术设计类专业规划教材

产品设计创意思维方法
观察·思考·创造

主　编　熊　伟　曹小琴
副主编　王　晶　徐　卓　闻　婧

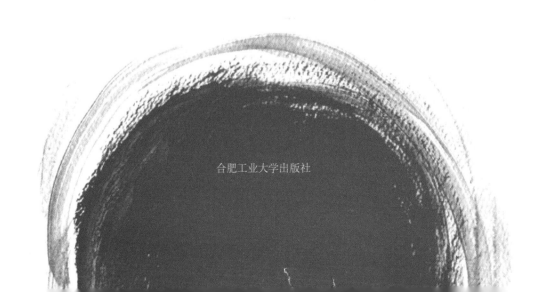

合肥工业大学出版社

前言

爱因斯坦说:“想象力比知识更重要，因为知识是有限的，而想象力概括着世界上的一切，推动着进步，并且是知识进化的源泉。”与科学一样，没有创意的设计作品，是不可能有生命力和感染力的。

“与众不同的创意”是每一位设计者所关注的，但在追求创意的道路上，如何捕捉到新颖的创意，怎样避免被自己的思维习惯带入俗套，如何识别“什么样的创意才适合自己的作品”，这些都是至关重要的问题。基于此，本书的前四章系统地讲述了创意思维的相关理论知识、思维过程及高效的思维方法，第五章则是阐述如何锤炼设计艺术类学生的创意思维能力并给出一些拓展方法，希望能帮助同学们更好地提升自己的创意思维能力，同时精选了一些优秀的创意设计案例，尤其是近年来作者在教学中指导学生参加 IF 等国内外专业竞赛的获奖作品。在具体的设计中更细致地诠释创意思维的具体运用，在设计实践中解析创意思维的实质。本书主要由武昌理工学院熊伟、仲恺农业学院曹小琴、武汉华夏理工学院王晶、武昌理工学院徐卓、安徽工程大学闻婧等老师共同编写。

熊　伟

于武昌理工学院

2017 年 1 月

目录
contents

第1章　创意思维的重要性

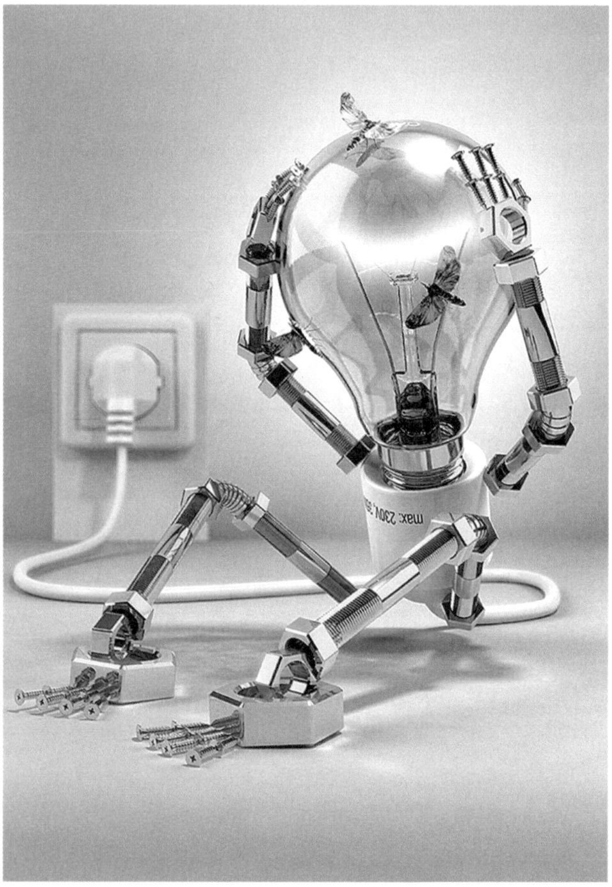

图 1-1

创意思维是指在创作或技术革新等创造性活动中所特有的思维过程。它是人类思维的高级过程，不仅通过思维揭露事物的本质及内在联系，而且在此基础上产生新颖的、前所未有的思维成果，并给人们带来新的有社会价值的产物。

创意思维可以理解为主体在强烈的创新意识驱使下，通过发散思维和集中思维，运用直觉思维和逻辑思维，借助形象思维和抽象思维加工组合，形成新的思想、新的观点、新的理论的思维过程。通俗地说，凡是突破传统习惯所形成的思维定式的思维活动，都可称为创意思维。创意思维是一种突破常规的思维方式，它在很大程度上是以直观、猜测和想象为基础而进行的一种思维活动。这种独特的思维常使人产生独到的见解和大胆的决策，获得意想不到的效果。在理解创意思维含义的时候，我们还应该认识到，创意思维是复杂的高级思维过程，它并不是脱离其他思维的另一种特殊思维；创意思维是多种思维有机结合的产物，而不是多种思维机械相加的结果，在不同的创意思维活动中，总是以某一种思维为主导进行的；创意思维虽然有其独有的活动规律，但它也必须遵循其他思维的活动规律。创意是艺术设计的灵魂，创意的灵感来自设计者对生活和社会的敏锐、广博观察的体验，以及高度的提炼。创意使现实生活艺术化，充分体现人的想象思维和创造力。如果说艺术设计形式给人以完美的视觉享受和丰富的联想，那么创意则是调配艺术设计形式种种因素的总策划（图 1-2）。

图 1-2

产品设计已经渗透到了人类生活的每一个方面。大到航天飞机，小到锅碗瓢勺都是产品设计的范畴，产品设计美化着生活，引导着生活，也潜移默化地影响着人们的生活。现代创意学大师大卫 · 奥格威这样评价创意的重要性：“一个伟大的创意是美丽而且高度智慧与疯狂的结合，一个伟大的创意能改变我们的语言，使默默无名的品牌一夜之间闻名全球。”在产品设计中创意无疑占有举足轻重的作用，巧妙地将科技、文化、材料、工艺、理性与感性以及有形与无形调和起来，恰当地运用创意思维于产品设计是设计师的核心技能之一，产品设计的最大价值也正体现在产品设计对创意思维的运用。因此，产品设计过程中创意思维的运用对于产品设计水平和层次的提升起着至关重要的作用（图 1-3、图 1-4）。

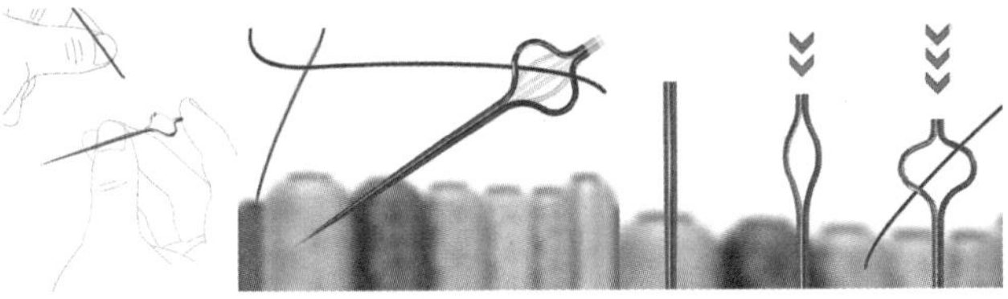

图 1-3

图 1-4

创意思维是一种打破常规、开拓创新的思维形式，创造之意在于想出新的方法，建立新的理论，做出新的成绩。

美国工业设计协会对美国设计师的调查表明，对一个产品设计师而言：第一重要的是创造力，第二重要的是手绘能力，第三重要的是计算机辅助设计能力。培养创造性思维；进行创造性实践；取得创造性成果；这是设计师走向成功的三部曲。

1.1 思维决定成败

有这样一个故事：一家跨国公司的老板到一座城市的大学招聘员工，面试的时候在问答完常规的问题后他拿出了一个魔方并当场在 10 分钟内拼好了。然后他对所有面试者说：“你们可以带回去完成它，我们会在一周后离开，你们完成以后可以随时来进行复试。”

一起同行的人不解其意，一位同事说：“我可没有老板那么聪明，我会把魔方拆开，然后一个个按上去。”

“如果他这样做就好了，这就说明他敢作敢为，就可以从事开拓市场方面的工作。”

“那其他的做法呢？”

“现在的孩子都不玩魔方了，所以我不相信他能马上扳好。如果他拿漆把六面刷出来，就说明他很有创意，可以从事产品开发设计的工作。如果他今天下午就把魔方拿回来，就说明他非常聪明，领悟能力强，做我的助理最合适了。如果他星期三之前把魔方拿回来，说明他请教了人，也就是说他很有人缘，可以让他去客户服务部工作。如果他在我走之前拿回来，说明他勤劳肯干，从事基础性的工作没问题。如果他最终拿回来说他还是不会，那说明他人很老实，可以从事保管和财务的工作。可是如果他不拿回来，那我就爱莫能助了。”

这个故事告诉我们不同的思维方式决定了不同的解决问题的方式。不同的解决方式决定了不同的结果，思维决定成败（图 1-5）。

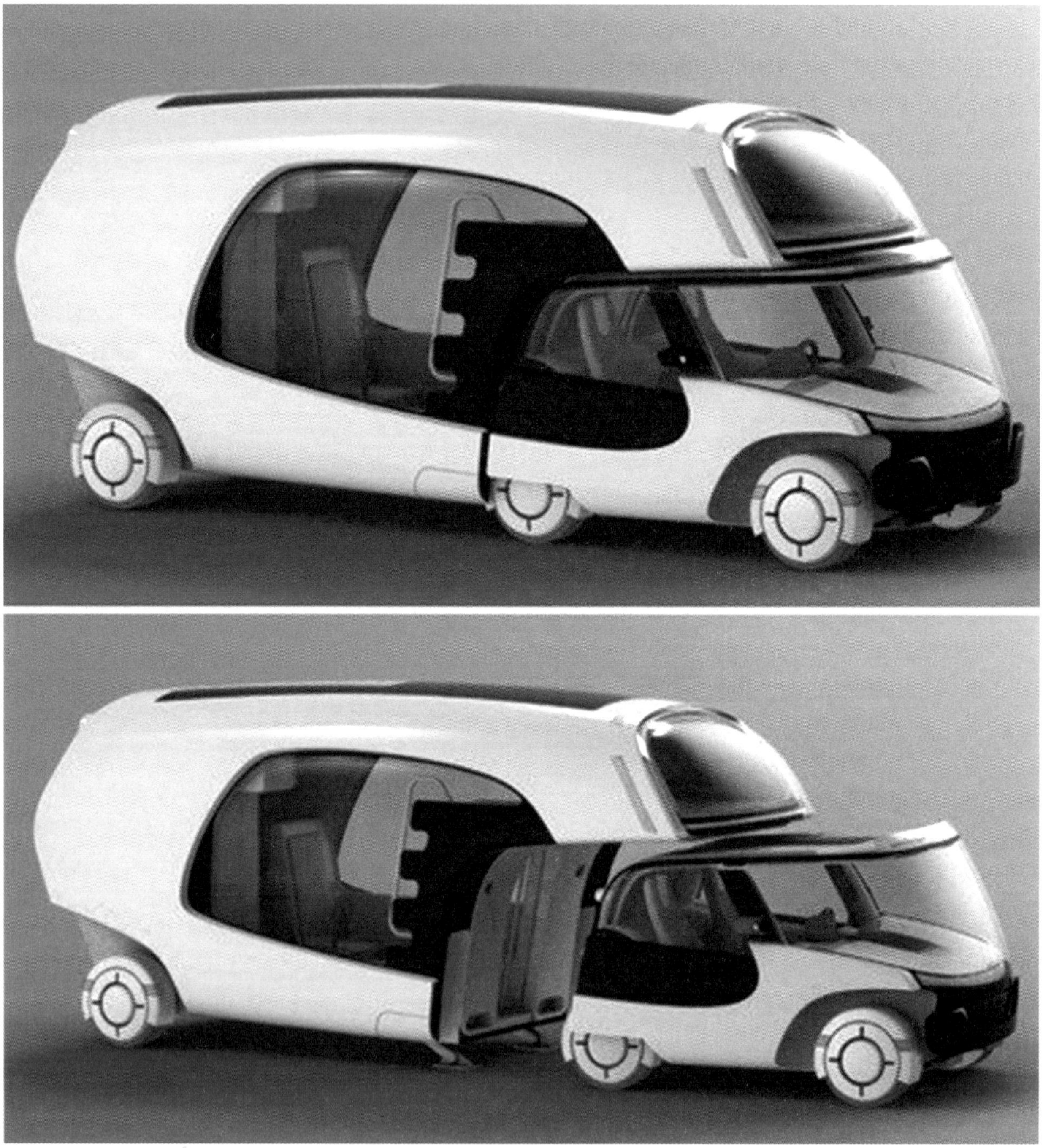

图1-5

1.2 创意思维的特点

创意思维是人们在认识事物的过程中，运用自己所掌握的知识和经验，通过分析、综合、比较、抽象，再加上合理的想象而产生的新思想、新观点的思维方式。就创意思维的本质而言，创意思维是综合运用形象思维和抽象思维并在此过程或成果中突破常规有所创新的思维。创意思维的核心理念在于通过科学的思维方式，全方位地提高思维能力，更完美有效地创造客观世界。

创意思维是探究客观元素有效组合方式的思考过程，以万花筒为例，将其转动后，筒里的玻璃片可以呈现出很多图案，当筒内玻璃片数越多其所呈现的图案就越多，而且不同的组合方式将会带来不同的图案效果。所以我们可以借助万花筒的原理来理解创意思维的本源（图 1-6）。

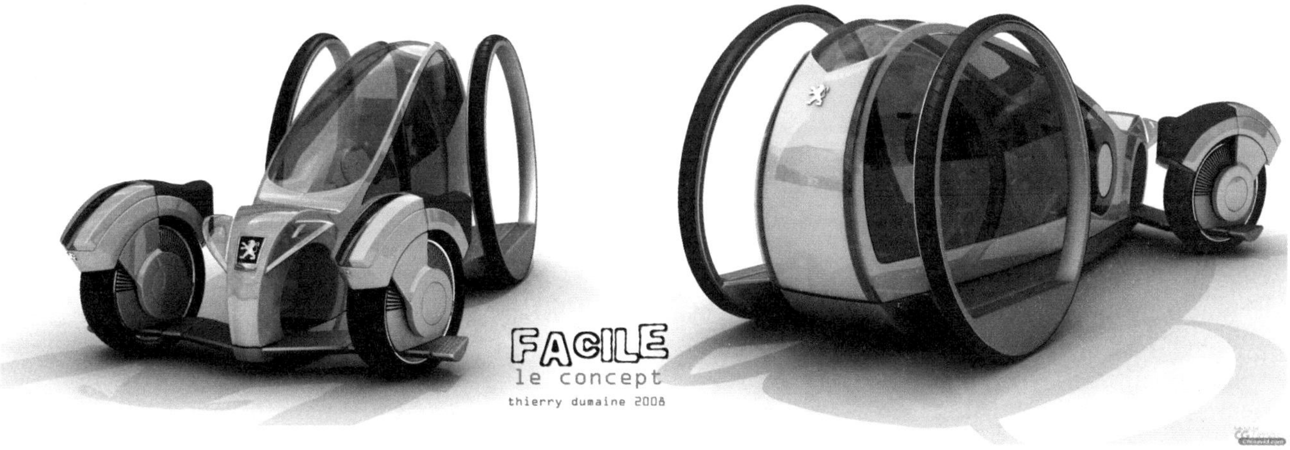

图 1-6

创意思维中“创”的内涵，其核心理念在于创意。那么，什么是创意呢？创意是所有“创新活动”的起点、动力、源泉和目的。创意就是独一无二，是思维的闪光点。我们不要被现行的条条框框所限制，而要将各项规则、技法当作创意的参考，在做创意联想时一定要做到 “舍得” 。

“意”就是“意象”，即“具体表象，由于不断渗入主体的情感和思想因素，成为既保留事物鲜明的具体感性面貌，又含有理解因素，浸染着情绪色彩的具有审美性质的新表象，即审美意象”。创意作品作为审美对象的建构载体，“意象”自然也就成为艺术家创意思维的基元，成为“生活”经过艺术家的审美认识在心灵中得以存在与积累的载体（图 1-7）。

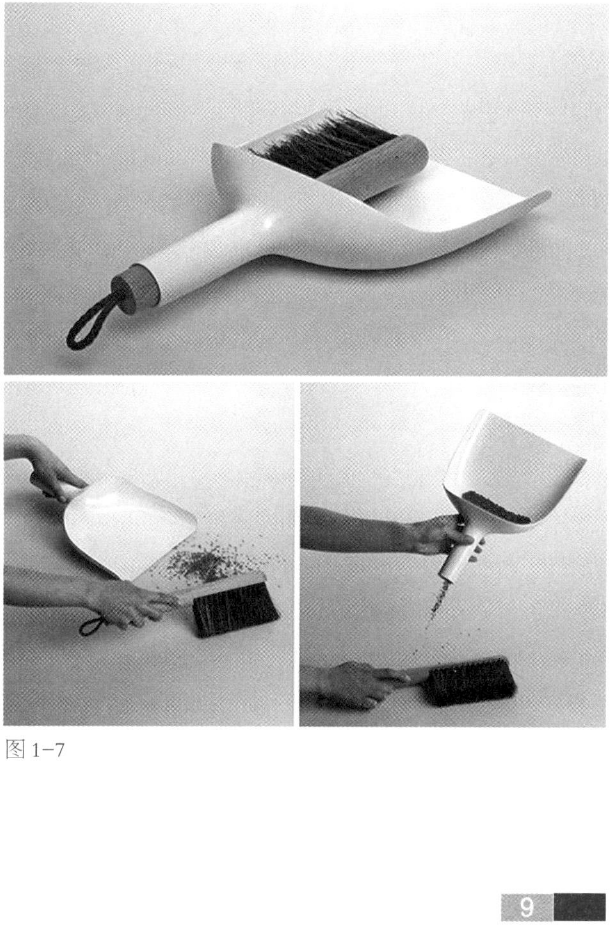

图 1-7

思维是指人脑对客观事物本质属性与内在联系的概括和间接反映，创意思维以新颖独特的思维活动揭示着客观事物的本质及内在的联系，并指引人们获得对问题或事物新的解释和创作，从而产生前所未有的思维成果，它又被称为创造性思维。创意思维可以给人们带来新的具有社会意义的成果。艺术设计领域和其他领域一样，是一个不断更新、不断创新的世界，只有不断更新才能焕发出新的生机和活力。特别是现如今随着艺术设计文化和艺术设计市场的日趋完善与成熟，以及艺术设计各方面正积极朝着国际化的方向发展，而满足这种发展需要的前提就是要培养出具有较高的艺术设计素质和理论素养，以及丰富的艺术设计专业知识和较强的艺术设计实践能力的复合型、应用型艺术设计人才。

设计的一个重要原则是“以人为本”，研究人与机器、人与自然的关系，通过设计使产品的功能、结构、色彩及环境条件等更合理地结合在一起，满足人们物质及精神的需求，同时设计的过程也是一种新的生活方式的创造过程。设计的本质实际上就是发现和改进不合理的生活方式，使人与产品、人与环境更和谐，而对资源的利用也更合理。

由此可见，人的思维水平是这些设计的本质力量，人的设计思维是思维方式的延伸，“设计”是前提，“思维”是手段。二者的交互作用最终形成人类特有的设计思维（图 1-8 至图 1-14）。

图 1-9

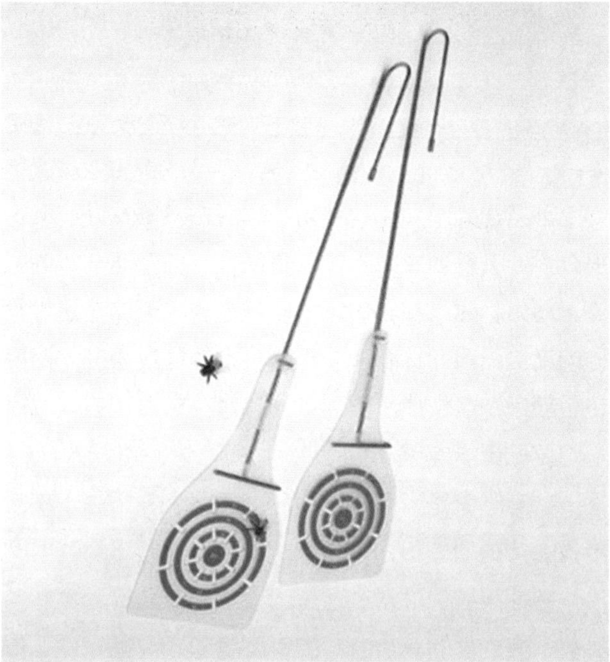

图 1-10

图 1-8

图 1-11

图 1-12

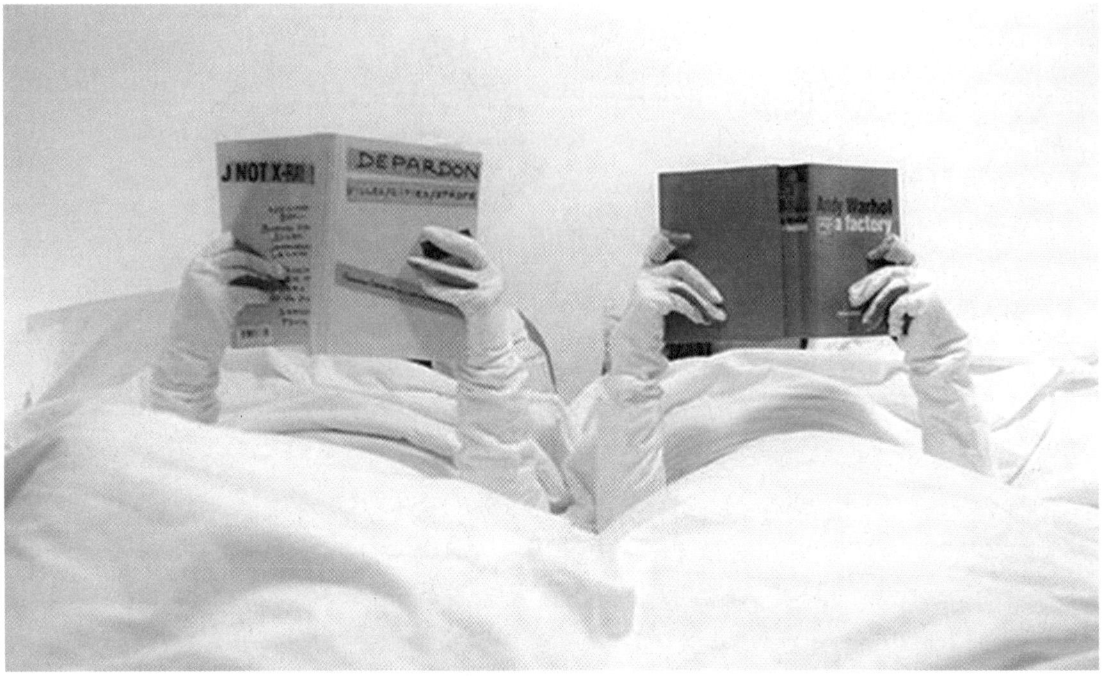

图 1-13

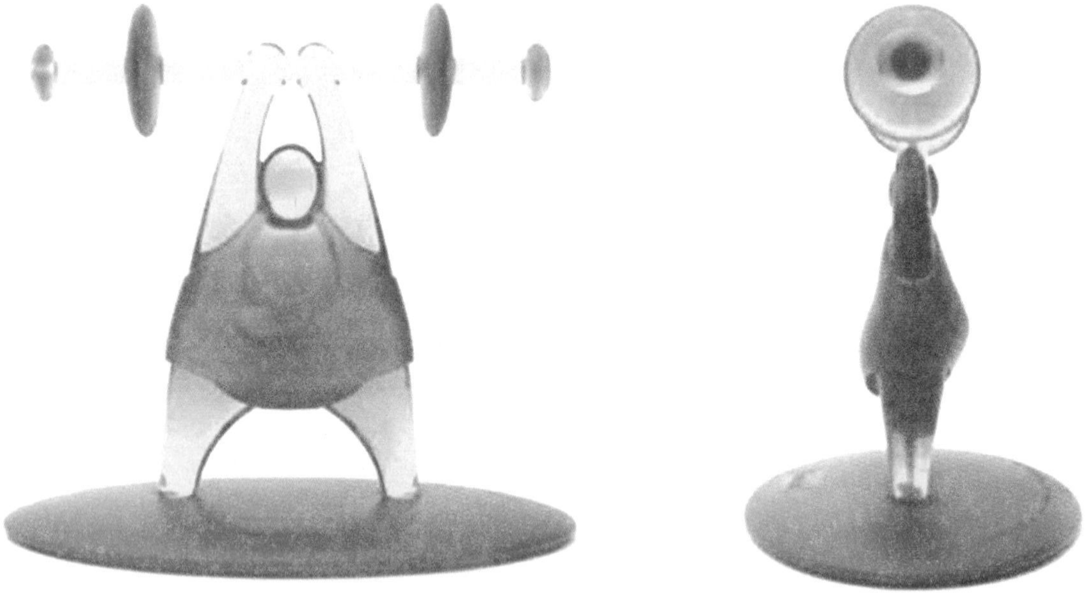

图 1-14

练习：

1. 列举出你认为改变生活的产品，要求 3 件以上，说明理由。

2. 请把日子加一笔写出尽可能多的字。

3. 请列举出杯子的 30 种用途。

4. 请列举出导致交通堵塞的 10 种原因。

第2章　创意思维原理

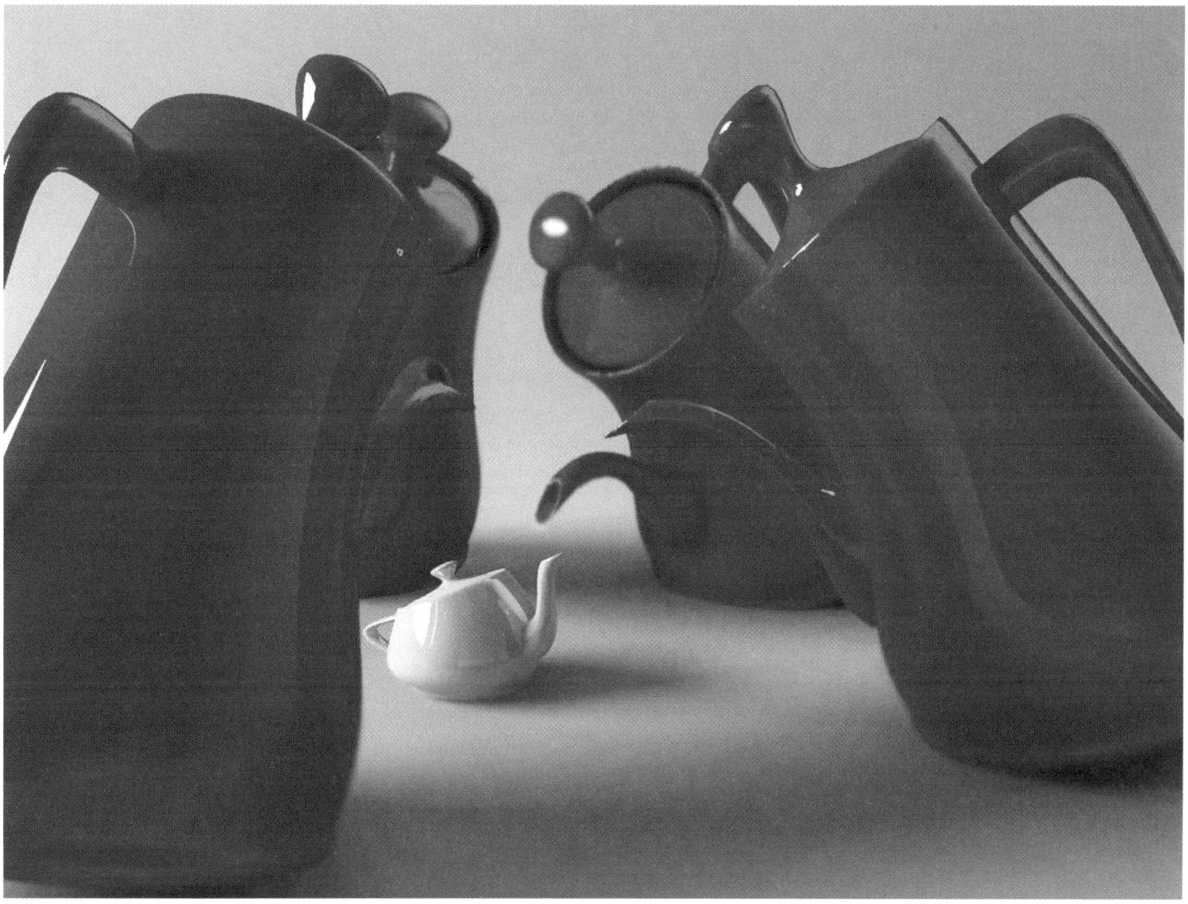

图 2-1

2.1　克服创新思维的种种屏障

2.1.1　思维定式

思维定式来自心理学上研究的心理定式。心理定式这种心理现象，最早是由德国心理学家缪勒发现的。他提出在人的意识中出现过的观念，有一种在意识中再重复出现的趋势。他曾经通过大量的实验来证明心理定式的存在。比如，当一个人连续 10 次到 15 次手里拿着两个质量不相等的球，然后再让他拿着两个质量完全相等的球，他也会感知为不相等。心理学上一般把心理定式解释为"是过去的感知影响当前的感知"。思维现象也属于心理现象，思维现象是心理现象的高级形式。思维定式也可以解释为"是过去思维影响现在的思维"。

思维定式不利于创新思考。思维定式有从众型思维定式、从书型思维定式、经验型思维定式、权威型思维定式和自我中心型思维定式等等，如果要有所创新，我们一定要摆脱这些思维定式的影响。

测试题目：一位公安局局长在茶馆里和一个老头下棋。正下到难解难分之际，跑来一个小孩，小孩着急地对公安局长说："你爸爸和我爸爸吵起来了。"老头问："这孩子是你的什么人？"公安局局长回答道：

“我儿子。”请问这两个吵架的人与公安局局长是什么关系？

有一位思维学家用这个题目对 100 个人进行了测试，结果只有 2 个人答对。经验对于需要进行创新思维的人来说就变成了束缚、变成了框框，是要求我们“只能如何如何”、“怎样怎样做是不行的”等等。要有所创新，就要在创新过程中摆脱经验的影响。

彩色电扇——突破定式思维，走出思维误区的实例：日本的东芝电气公司于 1952 年前后曾一度积压了大量的电扇卖不出去，7 万多名职工为了打开销路，费尽心思地想了不少办法，依然进展不大。有一天，一位小职员向当时的董事长石坂提出了改变电扇颜色的建议。在当时，全世界的电扇都是黑色的，东芝公司生产的电扇自然也不例外。这位小职员建议把黑色改为彩色，这一建议引起了石坂董事长的重视。经过研究，公司采纳了这个建议。第二年夏天东芝公司推出了一批浅蓝色电扇，大受顾客欢迎，市场上还掀起了一阵抢购热潮，几个月之内就卖出了几十万台。从此以后，在日本乃至全世界，电扇就不再都是一副统一的黑色面孔了。

只是改变了一下颜色，大量积压滞销的电扇，几个月之内就销售了几十万台。这一改变颜色的设想，效益竟如此巨大。而提出这个设想，既不需要有渊博的科技知识，也不需要有丰富的商业经验，为什么东芝公司其他的几万名职工就没人想到、没人提出来？为什么日本乃至其他国家成千上万的电气公司，以前都没人想到、没人提出来？这显然是因为，自从有电扇以来都是黑色的。虽然谁也没有规定过电扇必须是黑色的，而彼此仿效，代代相袭，渐渐地就形成了一种惯例、一种传统，似乎电扇都只能是黑色的，不是黑色的就不能称其为电扇。这样的惯例、常规、传统，反映在人们的头脑中，便形成一种心理定式、思维定式。时间越长，这种定式对人们的创新思维的束缚力就越强，要摆脱它的束缚也就越困难，越需要做出更大的努力。东芝公司这位小职员提出的建议，从思考方法的角度来看，其可贵之处就在于，他突破了“电扇只能漆成黑色”这一思维定式的束缚（图 2-2、图 2-3）。

图 2-2

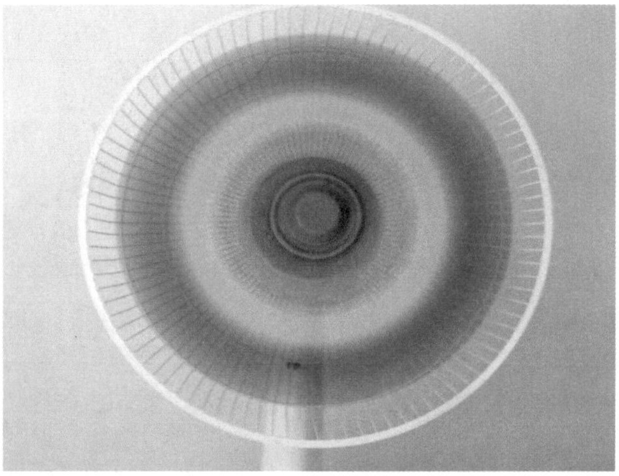

图 2-3

在遥远的过去，当思维的闪电嵌入我们祖先大脑的瞬间，人类便产生了自我意识。伴随着人类对客观世界及其自身的不断认知与发现，自我意识越来越清晰与复杂。正由于此，人类逐渐走完了荒野的时代而进入今日之文明。如果说这种进化的动力是源于人类创新的话，那么人类的创新思维便是创新树上最美的花朵。因此，恩格斯说：“地球上最美的花朵是思维着的精神。”

思维——人脑对客观事物间接的、概括的反映。

创新——指人类为了满足自身的需要，不断拓展对客观世界及其自身的认知与行为的过程和结果的活动。

创新思维——人类为了满足自身的需要，在对客观世界与自身的认识过程中不断变更视角的过程。

思维惯性——思维是一种复杂的心理现象，是大脑的一种能力。人的思维一旦沿着一定方向、按照一定次序思考，久而久之，就形成一种惯性。也就是说，当你这次这样解决了一个问题，下次遇到类似的问题，不由自主地还是沿着上次思考的方向或次序去解决，这种情况就是“思维惯性”。

思维定式——如果对于自己长期从事的事情或日常生活中经常发生的事物产生了思维惯性，多次以这种惯性思维对待客观事物，就形成了非常固定的思维模式，这就是思维定式。

思维障碍——思维定式和思维惯性结合起来，我们就称之为“思维障碍”。思维障碍并不是医学上的大脑疾病，而是人的思维方式上的局限性。

一般地，思维定式对常规思维是有利的，它使思考者在处理同样问题的时候少走弯路。我们遇到的问题大约有 90% 是靠思维定式帮助解决的。

思维定式的弊端在于：当我们面临处理剩下的 10% 新情况的时候，如果一味地遵守约定俗成的规则，它就会变成“思维枷锁”，阻碍新观念、新方法的构想，成为创造性解决问题的障碍。

“妨碍人们创新的最大障碍，并不是未知的东西，而是已知的东西。”——生物学家贝尔纳。要想挖掘无穷的创新能力，必须跳出思维定式的框框，开阔视野及思路。

（1）消极思维定式

消极思维定式是指人们在解决新问题或拓展新领域时，受到原有思考问题成功的局限而处于停顿的心理状态。消极思维定式的主要因素是聚集效应和功能性固结。

聚集效应是指个人面对变化的情况仍然用旧模式生搬硬套的僵固、刻板化的心态。如刻舟求剑的故事。

功能性固结是指个人在知觉上受到问题情境中经验功能的局限，而不能发现其可能或潜在的功能，以至于不能解决问题的心态。如蒸汽机在使用 100 年之中仅被用做从矿井里抽水的工具，在 100 年后才产生了将其用做机动车的动力源的念头。

消极思维定式是创新思维的障碍。不破除消极的思维定式，创新能力的开发和提升就是一句空话。如交通红色警示灯的来历：1868 年 12 月 10 日，信号灯家族的第一个成员就在伦敦议会大厦的广场上诞生了，由当时英国机械师德 · 哈特设计、制造的灯柱高 7m，柱身上挂着一盏红、绿两色的提灯——煤气交通信号灯，这是城市街道的第一盏信号灯。在灯的脚下，一名手持长杆的警察随心所欲地牵动皮带转换提灯的颜色。后来在信号灯的中心装上煤气灯罩 ，它的前面有两块红、绿玻璃交替遮挡。不幸的是只面世 23 天的煤气灯突然爆炸自灭，使一位正在值勤的警察也因此断送了性命。 从此，城市的交通信号灯被取缔了。直到 1914 年，在美国的克利夫兰市才率先恢复了红绿灯，不过，这时已是“电气信号灯”，稍后又在纽约和芝加哥等城市，相继重新出现了交通信号灯。 随着各种交通工具的发展和交通指挥的需要，第一盏名副其实的三色灯（红、黄、绿三种标志）于 1918 年诞生。它是三色圆形的四面投影器，被安装在纽约市五号街的一座高塔上，由于它的诞生，使城市交通大为改善。 黄色信号灯的发明者是我国的胡汝鼎，他怀着“科学救国”的抱负到美国深造，在大发明家爱迪生为董事长的美国通用电器公司任职员。一天，他站在繁华的十字路口等待绿灯信号，当他看到红灯正要过去时，一辆转弯的汽车忽地一声擦身而过，吓了他一身冷汗。回到宿舍，他反复琢磨，终于想到在红、绿灯中间再加上一个黄色信号灯，提醒人们注意危险，他的建议立即得到有关方面的肯定。于是红、黄、绿三色信号灯即以一个完整的指挥信号家族，遍及全世界陆、海、空交通领域。

（2）消极思维定式的表现形式

消极思维定式的表现形式有：经验型、权威型、从众型、书本型、自我中心型、直线型、自卑型、麻木型、偏执型等几种类型。

a. 经验型（习惯型）思维定式：它是指人们不自觉地用某种习惯的思维方式去思考已经变化的问

题。首先，经验是宝贵的，但经验有局限性，没有一种情况能完全符合过去的经验。一方面，前人的经验及自己总结的经验会对我们办事带来方便；如品茶大师拿着茶叶一看一品，就知道它的产地和等级；老农抓起一把土一看，就知道适宜种什么庄稼。另一方面，经验（习惯）也会经常成为发挥创新能力的障碍。其次，运用创新思维，突破经验的局限性就会创造财富、创造奇迹，从而改变自己组织和国家的命运。总之，习惯（经验）型思维定式会削弱大脑的想象力，造成创新能力的下降，这正是创造发明的大敌。

b. 权威型消极思维定式：是指人们对权威人士的言行的一种不自觉的认同和盲从。迷信权威，带来的是无知与懒惰；怀疑、质疑权威，则表现出一个人的勇气；战胜权威，才能证明一个人的知识与智慧。只有这样，我们才有可能站在巨人肩膀上创造辉煌的未来。

c. 从众型消极思维定式：是指人们不假思索地盲从众人的认知与行为。从众心理与行为最大的特征是人云亦云，没有独立思考的品格。当一个人陷入盲从他人的心理状态，必然与创新绝缘，可见从众的消极思维定式是创新思维的一大障碍。

d. 书本型消极思维定式：是指人们对书本知识的完全认同与盲从。书本知识对人类所起到的积极作用确实是巨大的。但书本知识也和任何事物一样有弱点，即滞后性，知识也会过时，知识只有不断地更新才能成为有效行动的信息，才能推动事业的进步和发展。

e. 自我中心型消极思维定式：是指人想问题、做事情完全从自己利益与好恶出发，主观武断地不顾他人的存在和感觉。以自我为中心对一个人、一个家庭、一个组织、一个民族甚至一个国家是有危害的，它是文化创新、体制创新的最大障碍。

f. 直线型消极思维定式：是指人们面对复杂和多变的事物，仍用简单的非此即彼或者按顺序排列的方式去思考问题。在现实生活中直线型思考问题是屡见不鲜的，如把类似的例题拿来照搬、死记硬背现成的答案。直线思维的习惯是不善于从侧面、反面或迂回地去思考问题。

g. 自卑型思维定式：就是非常的不自信，由于过去的失败或成绩较差，受到过别人的轻视，产生了自卑心理。

h. 麻木型思维定式：就是不敏感，思维欠活跃，注意力不集中，总是兴奋不起来。

i. 偏执型思维定式：它的表现多样，有的是颇为自信；有的是钻牛角尖，明知这条道路行不通，非要往前闯；有的是喜欢唱对台戏，人家往东，他偏往西等等。

（3）如何破除消极思维定式

培养创新思维的最好方法是扩展思维视角：一是把复杂的问题转化为简单问题；二是把不能办到的事情转化为可以办到的事情；三是把直接变为间接。

2.1.2 约拿情结

“约拿” 是《圣经 · 旧约》里的一个人物。他是一个虔诚的基督徒，并一直渴望能够得到神的差遣。神终于给了他一个光荣的任务，去宣布赦免一座本来要被罪行毁灭的城市——尼尼微城。约拿却抗拒这个任务，逃跑了。他不断躲避着他信仰的神，神的力量到处寻找他、唤醒他、惩戒他，甚至让一条大鱼吞噬了他。最后，他几经反复和犹疑，终于悔改，完成了他的使命。“约拿”指代那些渴望成长又因为某些内在因素害怕成长的人，而这种在成功面前的畏惧心理，就是“约拿情结”。它反映了一种“对自身伟大之处的恐惧”，是一种情绪状态，并导致我们不敢去做自己本来能够做得很好的事情，甚至逃避发掘自己的潜能（图 2-4）。

图 2-4

有“约拿情结”的人内心存在着某种冲突，正是这种冲突阻碍了他对成功和成长的追求。这些内在冲突有时候可以被我们意识到，但大多数时候，它被压抑在无意识当中。

（1）“约拿情结”的表现

“约拿情结”是人类普遍存在的一种心理现象。我们既想取得成功，但面临成功时，却又总伴随着心理迷茫；我们既自信，但同时又自卑；我们对杰出人物既敬仰，但又总是有一种敌意；我们敬佩最终取得成功的人，而对成功者，又有一种不安、焦虑、慌乱和嫉妒；我们不仅躲避自己的低谷，也躲避自己的高峰。“约拿情结”发展到极致，就是“自毁情结”，即面对荣誉、成功或幸福等美好的事物时，总是浮现“我不配”“我受不了”的念头，最终与成功的机会擦肩而过。

“约拿情结”的基本特征可以分为两个方面：一方面是表现在对自己，另外一方面是表现在对他人。对自己，其特点是：逃避成长，拒绝承担伟大的使命；对他人，其特点是：嫉妒别人的优秀和成功、幸灾乐祸于别人的不幸。

（2）“约拿情结”产生的原因

我们大多数人内心都深藏着“约拿情结”。心理学家分析，这可能是因为在我们小时候，由于自身条件的限制不成熟，在面对各种事情时心中容易产生“我不行”“我办不到”等消极的念头，如果周围环境没有提供足够的安全感和机会供自己成长的话，这些念头会在我们长大后一直伴随着我们。尤其是当成功机会降临的时候，这些心理表现得尤为明显。因为成功也意味着挑战，要抓住成功的机会，就意味着要付出相当的努力，面对许多无法预料的变化，并承担可能导致失败的风险。

我们每个人其实都有很多成功的机会，比如参加学校的演讲比赛、竞选学生会主席、挑战一项有难度的工作……但是在机会面前，多数人都选择了逃避。之所以有这样的结果，很大一部分原因在于人们所处的社会环境。

人的行为是由心理决定的，而心理活动会受到周围环境的影响。在很多国家的文化中，尤其是集体主义文化中，谦虚都是一种美德，大家都喜欢“低调”的言论和行为，讨厌甚至敌视喜欢“唱高调”的人。所谓“枪打出头鸟”“高处不胜寒”。所以，人们出于安全的需要，往往会披上“谦虚”的外衣，隐藏自己的真实个性和想法，而去迎合社会中普遍流行的观点和行为方式。如此也就放弃了自己成长的最高可能性，失去了棱角，最终成为平庸的人。面对无处不在的社会力量，只有少数人敢于打破平衡，认识并克服了自己的“约拿情结”，勇于承担责任和压力，最终抓住机会并获得了成功。

（3）“约拿情结”如何克服

克服“约拿情结”是一个复杂的心理问题，也是社会问题。首先，我们要清楚地了解自己的内心状况，承认自己的“约拿情结”。在面对自己不愿承担或不敢承担的压力时，要认真倾听自己内心的声音，告诉自己“你一定能行”，在心里为自己积聚信心和能量，克服恐惧，最终展现真实的自己。

克服成长的恐惧，也需要我们承认和接纳自己的局限。即使失败，我们也一样是有价值的。只要我们尽了自己最大的努力，发挥了自己最高的潜力，对于自己来说就是成长，就是向自我实现的迈进。此外，我们还要认识到，成长是我们自己的事，不能一直等待别人来发现我们，我们有责任主动展现自己，有责任为自己争取一片更理想的发展空间。

“约拿情结”，就是不敢向自己的最高峰挑战。但如果我们逼迫自己勇攀最高峰，总有一天会发现，所有我们曾经畏惧的东西，都会被我们战胜！

2.1.3 麻木：温水煮青蛙

这同样也是人性的一个弱点，习以为常是人的思维本能，它一方面规范了我们的行为和思维模式，让我们顺其自然，轻松地生活，但是它又局限了我们的思维。我们需要对各种自然奥秘抱有强烈的好奇心，要时刻提醒自己不要麻木，警惕和克服麻木迟钝的思想情绪。年轻人尤其要注意培养自己的强烈好奇心。

2.1.4 只寻求唯一标准答案

这个问题在同学们中较为普遍，对于某些常见的问题而言，这也许是好的，因为这些问题确实只有一个正确的答案。但是现实生活中大部分问题并不是这样的。生活是模棱两可的，有很多正确的答案，如果你认为只有一个正确的答案，那么当你找到一个答案时，你就会停止寻找。

2.1.5 认为我不行

这个问题在现在的大设计者中应该比较少了。而在 20 世纪 80 年代以前出生的人中这种现象比较多。表现为总是怀疑自己的能力，“我那么笨，能行吗？”“我不行”。这就是典型的“自我贬抑型思维定式”，就是总认为自己能力弱、办不到，从来不会去尝试一下。如果他能够打破这种思维定式，从内心树立起信心，他会突然间发现在自己身上所具有的能力，实际上人的潜能是无穷的。

2.1.6 求稳情绪

我们的社会是以求稳为特点的，因此在人们内心深处是不愿意冒险，只想着老老实实地过那种千篇一律的平淡生活，这就是人们的求稳型思维。在求稳型思维的束缚下，每次尝试新事物时都会感到不安，心跳加快，冷汗直冒，于是会对自己说“我为什么要这样做，守着我熟悉的环境该多好”。于是不再让自己尝试新事物，进行新的冒险，保持着旧的习惯、旧的思维。这其实是一种特殊的思维定式。

2.2 创意思维的形式

在人类各种思维中，对于解决问题最具有主动性的思维方式就是创造性思维，也就是用创造性方法解决问题的思维方式，它不但对于设计的结果有极大影响，而且，首先反映在不同的设计思想和设计过程中。创造性思维也是有规律可循的，对于设计者来说，理出一条创造性思维的线索和规律，对设计是非常有帮助和启发的。掌握一定的思维方法和创作规律无疑也是极为重要的。创意思维的形式多种多样，创意思维的本身即是一种创新。类比大量的优秀产品设计我们发现，有许多种典型的指导思想对于各种产品设计创意的产生有较为明显的作用。以下几种常用的思维方式是在产品设计中最为重要的。

2.2.1 灵感思维

灵感是人们借助直觉的启示对问题得到突如其来的领悟或理解的一种思维形式。它是创造思维最重要的形式之一（图 2-5、图 2-6）。

图 2-5

图 2-6

1968 年，吉列剃须刀创下销售 1110 亿支的历史纪录，全世界有数亿人使用吉列产品。掌握全世界男人胡子的吉列剃须刀公司的创始人金・吉列曾是一家小公司的推销员。一天早上，吉列刮胡子时由于刀磨得不好，刮得费劲，脸上被刮了几道口子，懊丧之余，吉列盯着剃须刀，产生了设计新型剃须刀的想法。于是他对周围的男性进行调查，发现他们都希望有一种新的剃须刀，他们的基本要求包括安全、保险、使用方便、刀片随时可换等。这样，吉列就开始了他开发剃须刀的行动。这种新剃须刀应该是什么样的呢？吉列苦思冥想。由于没能冲破传统习惯的束缚，新设计的基本构造总是摆脱不掉老式长把剃须刀的局限，吉列绞尽脑汁，还是不得要领。一天，他望着一片刚收割完的田地，看到一位农民正轻松自如地挥动着耙子修整田地，一个崭新的思路出现在吉列的脑海中，对！新剃须刀的基本构造就应该和这把耙子一样，简单、方便、运用自如。经过一系列的设计和试验吉列终于完成了他的设计。吉列的这个思路就是灵感思维的典范（图 2-7 至图 2-10）。

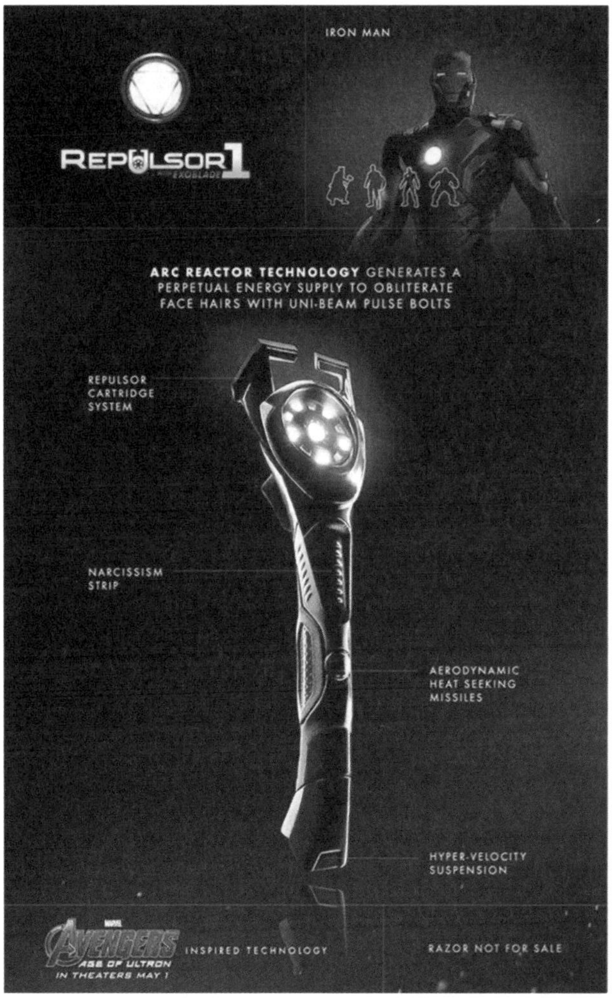

图 2-7

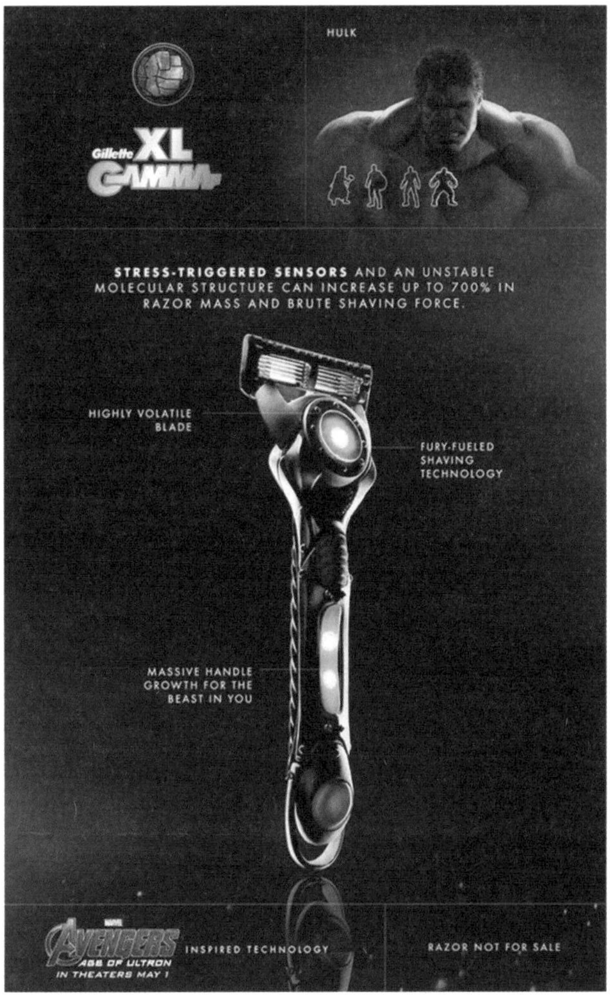
HULK
Gillette XL GAMMA
STRESS-TRIGGERED SENSORS AND AN UNSTABLE MOLECULAR STRUCTURE CAN INCREASE UP TO 700% IN RAZOR MASS AND BRUTE SHAVING FORCE.
HIGHLY VOLATILE BLADE
FURY-FUELED SHAVING TECHNOLOGY
MASSIVE HANDLE GROWTH FOR THE BEAST IN YOU
AVENGERS AGE OF ULTRON
IN THEATERS MAY 1
INSPIRED TECHNOLOGY
RAZOR NOT FOR SALE

图2-8

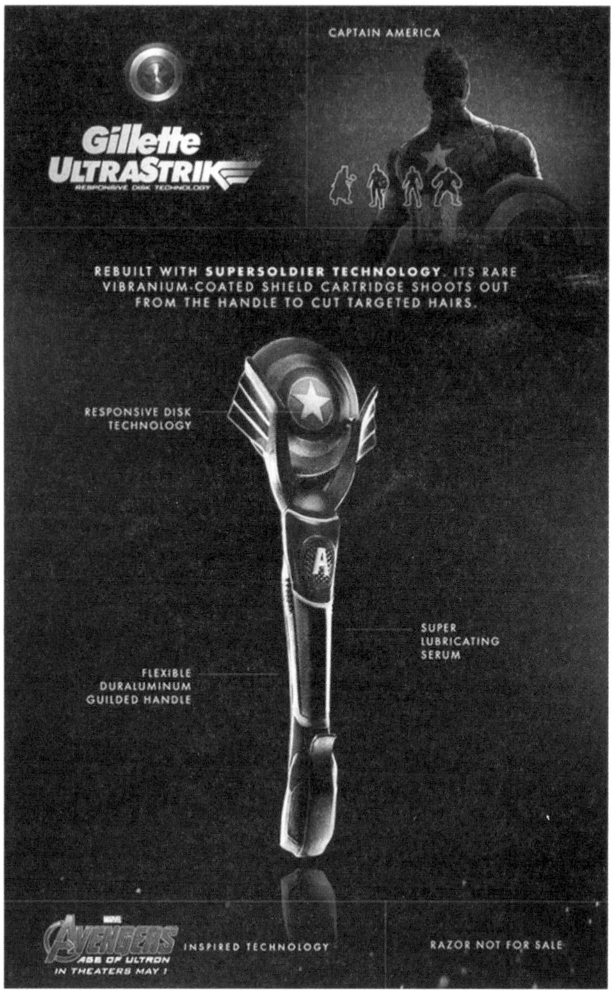
CAPTAIN AMERICA
Gillette ULTRASTRIK
REBUILT WITH SUPERSOLDIER TECHNOLOGY. ITS RARE VIBRANIUM-COATED SHIELD CARTRIDGE SHOOTS OUT FROM THE HANDLE TO CUT TARGETED HAIRS.
RESPONSIVE DISK TECHNOLOGY
SUPER LUBRICATING SERUM
FLEXIBLE DURALUMINUM GUILDED HANDLE
AVENGERS AGE OF ULTRON
IN THEATERS MAY 1
INSPIRED TECHNOLOGY
RAZOR NOT FOR SALE

图2-9

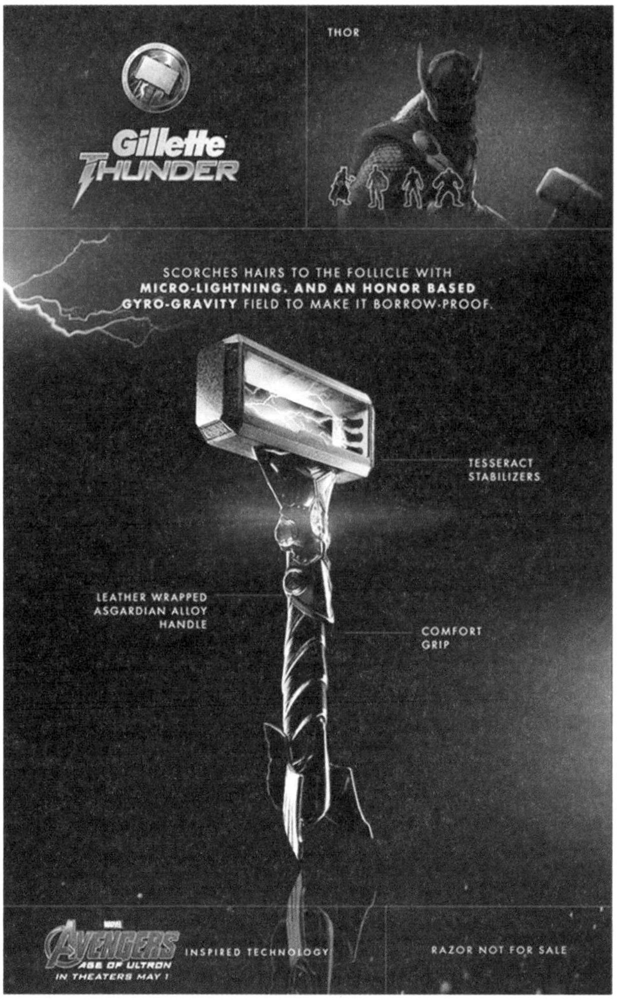

图 2-10

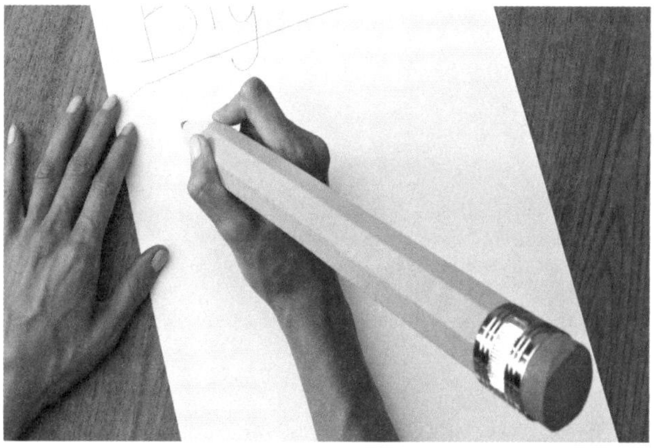

图 2-11

图 2-12

灵感的出现不管在时间上还是在空间上都具有不确定性，但灵感产生的条件却是相对确定的。它的出现依赖于：知识的长期积累；智力水平的高低；良好的精神状态及和谐的外部环境；长时间的专心思考和探索。

2.2.2　加法思维

加法思维有着奇妙的效果，就像画龙点睛故事当中，那个点睛的神奇一笔，虽然就加那么一小点，而原有的价值就一下子猛增起来，这种 1+1 的结果，远远大于 2（图 2-11 至图 2-13）。

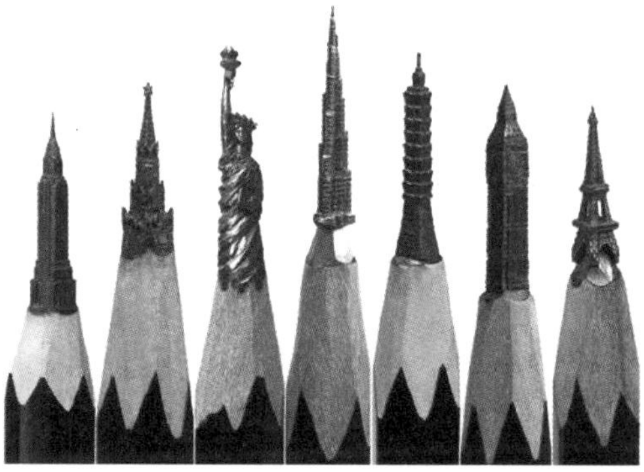

图 2-13

美国佛罗里达州的画家律普曼十分贫寒，画具很少，修改用的橡皮经常只有一小块。一天，他作画时，不小心出了失误，想用橡皮把它擦掉，费劲地找到橡皮之后，等到擦完想继续作画时又找不到铅笔头了，郁闷中，画家心想：要是有一只既能作画又带有橡皮的铅笔就好了。于是他开始着手设计，经过反复尝试，他找到了一种满意的方法：用一块薄铁皮将橡皮和铅笔连接在一起。后来律普曼借钱办理了专利申请，最终由PABAR铅笔公司以55万美金购买了这项专利。这就是橡皮铅笔的由来，典型加法思维的创意设计。

像这样由加法思维所产生的设计还有很多（图2-14至图2-25）。

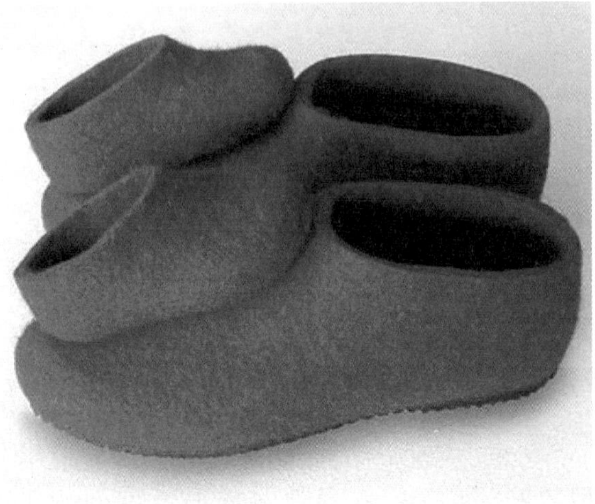

图2-16

图2-14

图2-17

图2-15

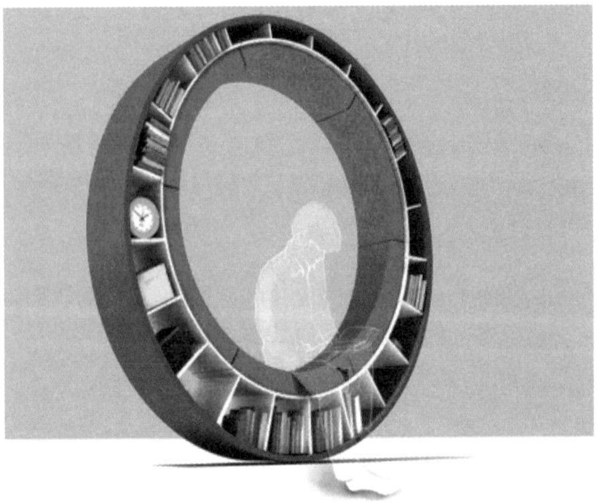

图2-18

图 2-19

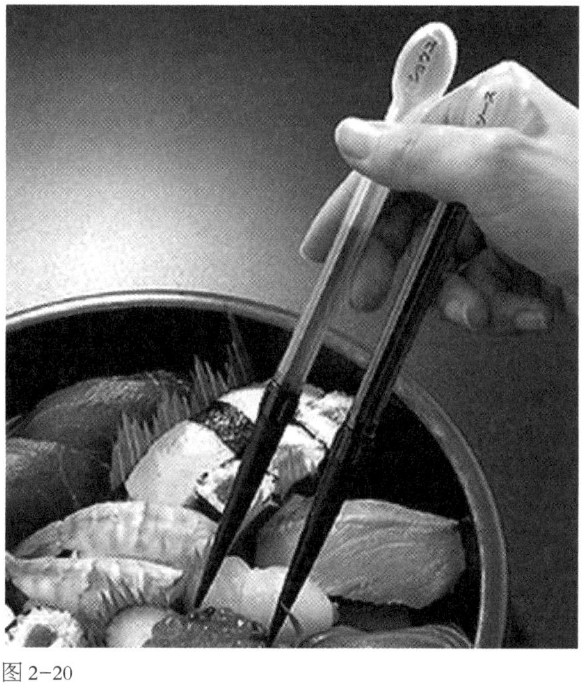

图 2-20

图 2-21

图 2-22

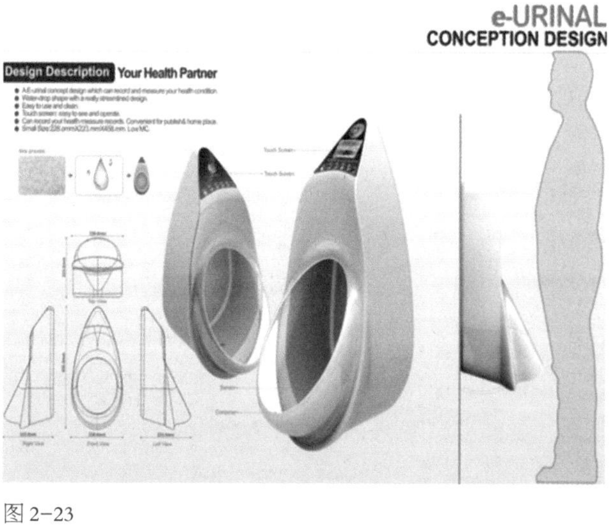

图 2-23

图 2-24

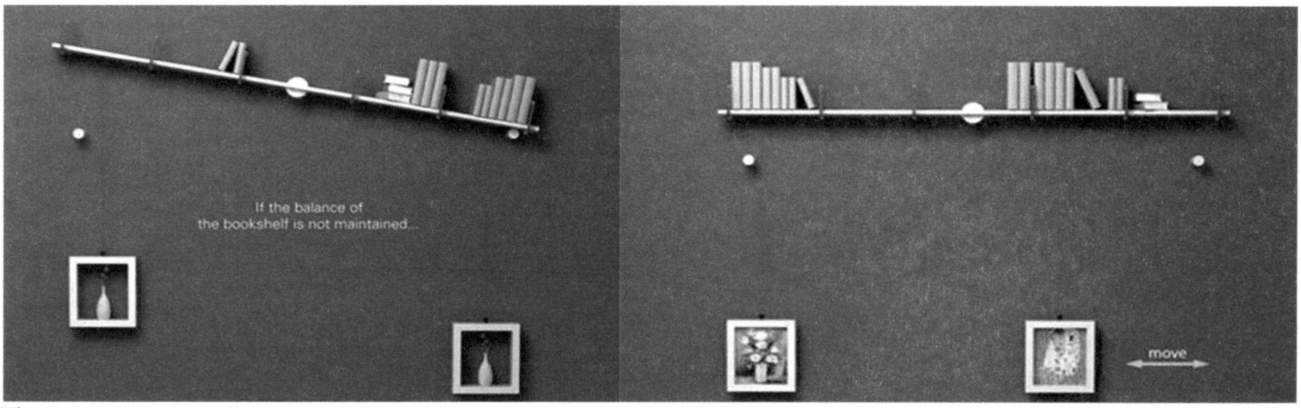

图 2-25

2.2.3 减法思维

在减法思维中，1-1>1。因为减少而丰富，这就是减法思维的要义。

哈佛大学管理课程中有这样一则观点：要是在某一种产品中增加一个部件或功能，如何减少成本？其最好的办法就是：考虑一下能否不要这个部件；其次的办法是：能否改进已有的部件增加相应的功能；实在不行，再考虑如何减少制定该部件的成本问题。据此，我们可以明白，减法思维的精髓是：在扬弃中获得更大的益处（图 2-26 至图 2-29）。

图 2-26

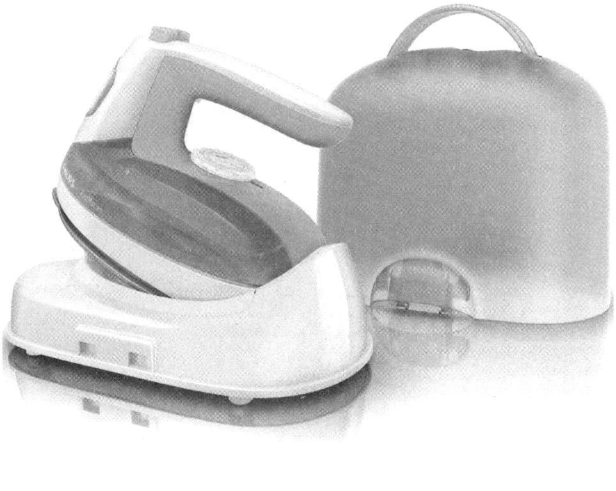

图 2-27

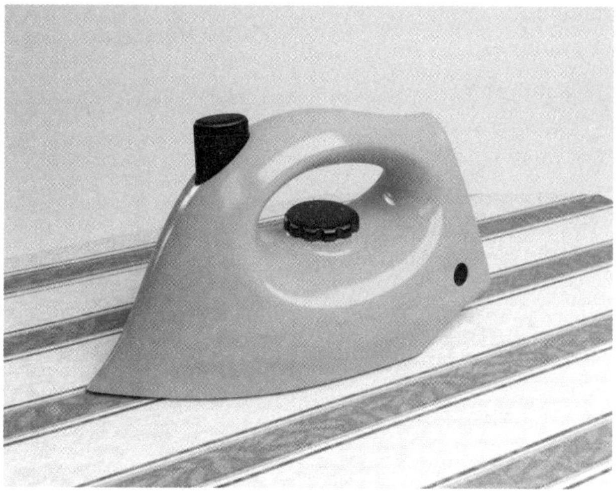

图 2-28

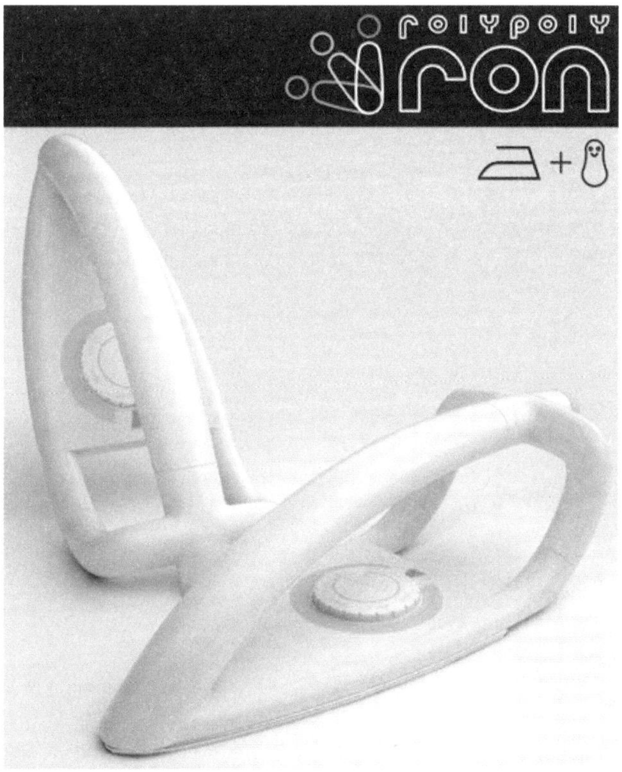

图 2-29

日本松下电器公司的熨斗事业部在该领域的设计极具权威。但是，在 20 世纪 80 年代，电器市场的高度饱和使熨斗也在所难免的面临滞销。事业部的设计组决定着手开发更加方便的无线熨斗，开始时想用蓄电的方法代替电线，可是研制出来的熨斗有 5 千克之重，女性使用起来就好像举铅球一样。为了解决这个难题，设计小组把女性熨衣服的过程拍成录像片，分析研究她们的动作规律。他们发现女性并不是一直拿着熨斗熨衣服，而是经常把熨斗竖起来放到一边，调整好衣物以后再熨。于是，设计小组修改了蓄电方法，设计了一种蓄电槽，每次熨完衣服后可以把熨斗放进槽内蓄电，只用 8 秒钟就可以充足电，熨斗的重量就大大减轻了。为安全起见，蓄电槽还装有自动断电系统。于是，新型无线熨斗终于问世了，成为日本当年最畅销的热门产品。这个设计就是减法思维的巧妙体现。

同样，这样由减法思维所产生的设计还有很多（图 2-30 至图 2-35）。

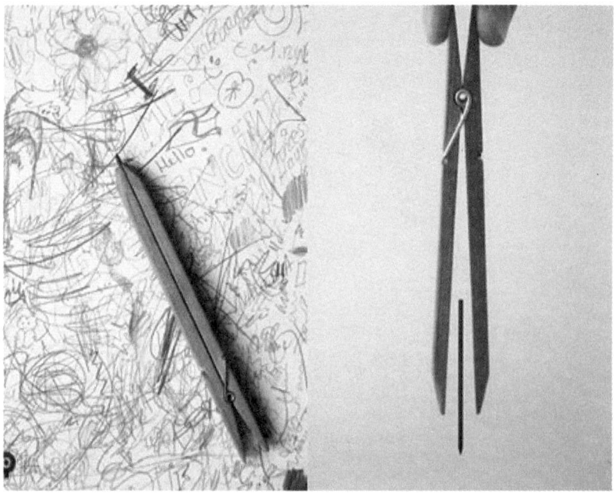

图 2-30

图 2-31

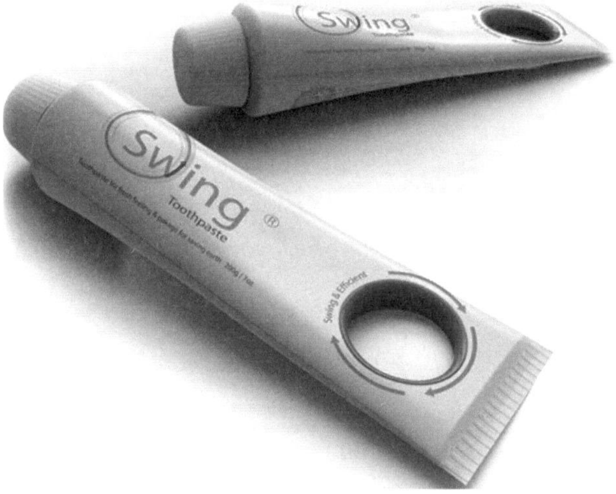

图 2-32

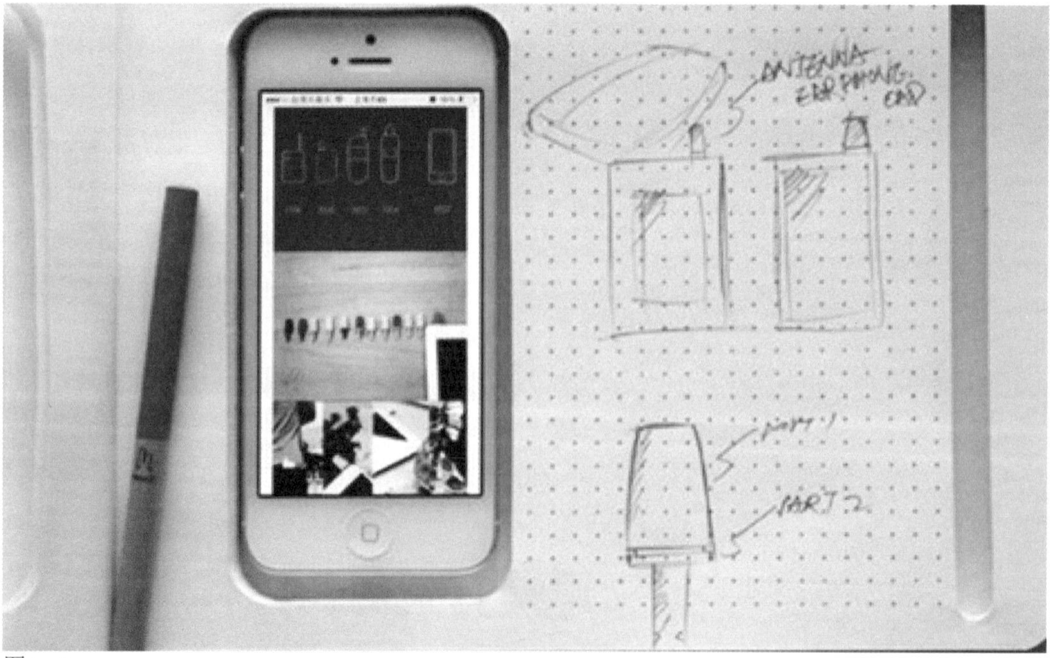

图 2-33

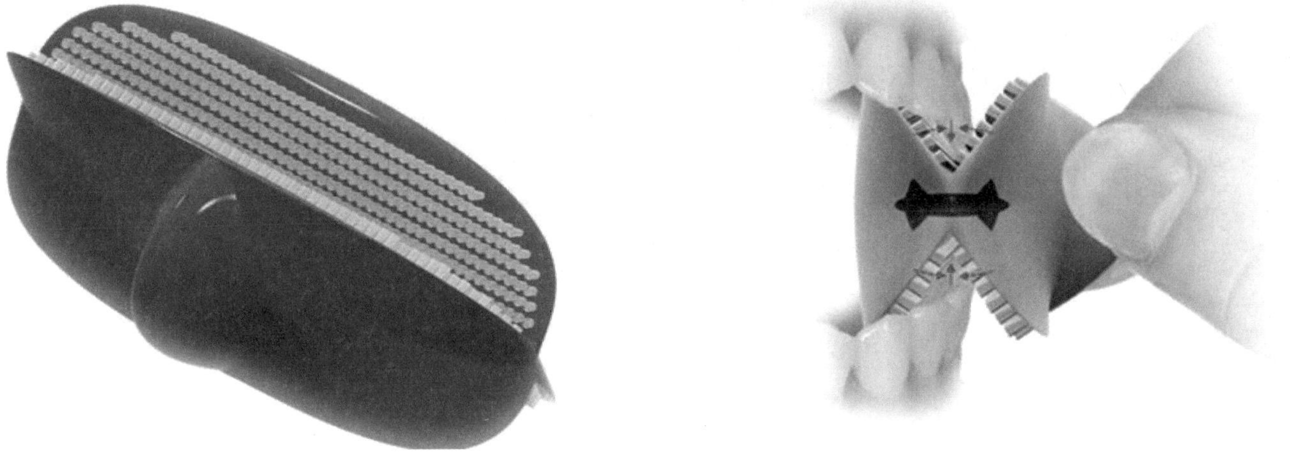

图 2–34

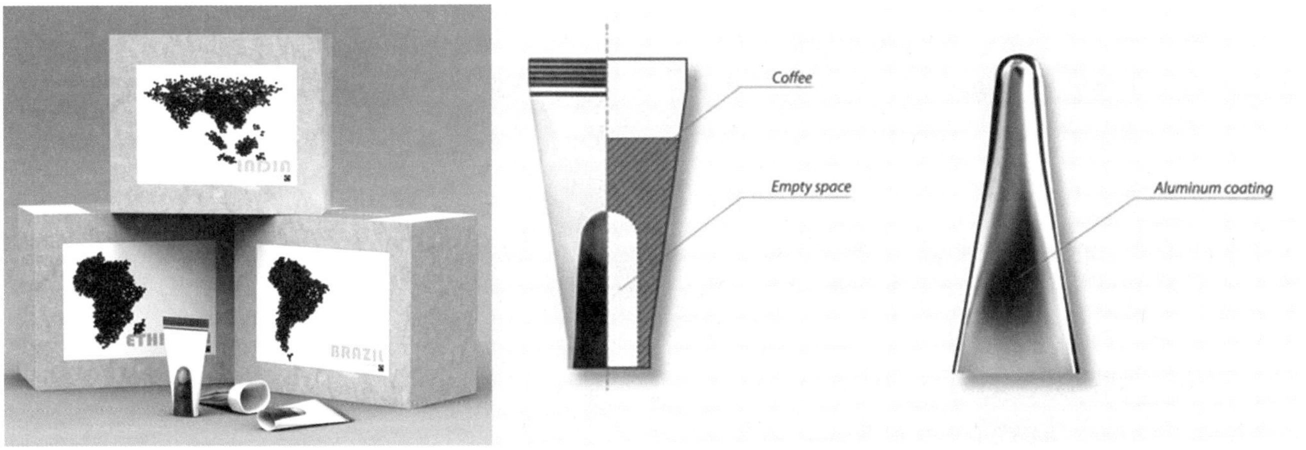

图 2–35

2.2.4　逆向思维

逆向思维就是把思维方向逆转，用与原来对立的想法或者用表面上看来不可行的悖逆常规的方法,来解决问题的思维方式。世界著名科学家贝尔纳说过:“妨碍人们创新的最大障碍，并不是未知的东西，而是已知的东西”。

在某些情况下当你茫然不知所措时，我们该怎么办？当然是仿效他人的行为与见解，从而找到正确的应对办法。假如你进入一家自助洗衣店，完全不知道如何操作洗衣机，怎么办？或许我们会观察旁人的操作方法，然后如法炮制。圣奥古斯丁的故事就很好地说明人们有时确实需要从众。圣奥古斯丁年轻时在意大利米兰担任神职，有一回他想到一个难题前去向他的主教安布洛斯请教。当时圣奥古斯丁打算前往罗马度假，他的问题是罗马天主教徒通常是在星期日举行安息日仪式，而米兰天主教徒则以星期六为安息日，奥古斯丁不知道自己到了罗马以后应该以哪一天为安息日比较恰当，安布洛斯的解答是：“当你人在罗马之时就要依照罗马人的习俗。”在通常情况下，从众比较有效、经济，能解决大部分常规问题。但在需要创新时，从众心理不仅不能解决问题，而且还会束缚人的思维，影响人的创新。这时如果善于转换视角，从逆向去探索，从相反方向去思考，即善于采用逆向的思维方法，往往会引起新的思索，产生超常的构想和不同凡响的新观念（图 2-36、图 2-37）。

图 2-36

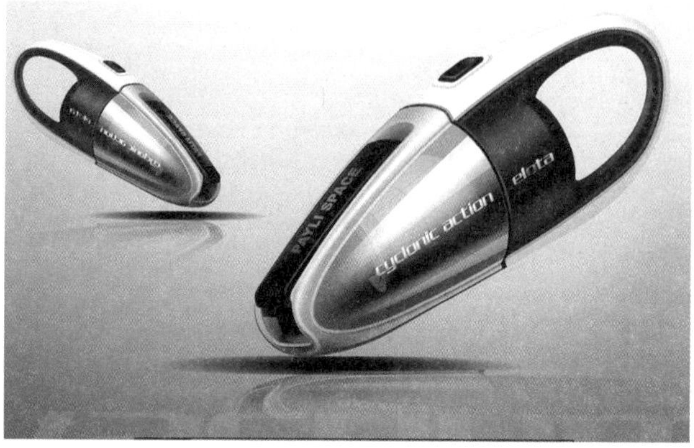

图 2-37

我们日常生活中被广泛使用的吸尘器已问世整整 100 年了。为了有效地清除令人讨厌的灰尘，人类很早就开始了对除尘设备的研究。人们首先想到的是用“吹”的方法，即采用机器把灰尘吹跑。1901 年，在英国伦敦火车站举行了一次公开表演。当“吹尘器”在火车车厢里启动时，灰尘到处飞扬，使人睁不开眼、喘不过气。当时在参观者中有一个叫布斯的技师，他心想：吹尘不行，那么反过来吸尘行不行？他决定试一试，回家后他用手帕蒙住口鼻，趴在地上用嘴猛烈吸气，结果地上的灰尘都被吸到手帕上来了。试验证明，吸尘的方法比吹尘效率更高、效果更好。

同样，这样由逆向思维所产出的设计还有很多。

1938 年，匈牙利人拜罗发明了圆珠笔，因为漏油，流行了几年后就被人们弃用了。1945 年，美国人雷诺兹发明了一种新的圆珠笔，也是因为漏油而未获广泛的使用。漏油的原因很简单，笔珠写了 20000 多个字之后，就会因自然磨损而蹦出，油墨也就随之而出。1968 年，日本人中田藤山郎巧妙地解决了这个问题，他的方法是让笔芯中灌入的油墨只能写 19000 个字左右，这样在笔珠磨损之前油墨就会用完（图 2-38、图 2-39）。

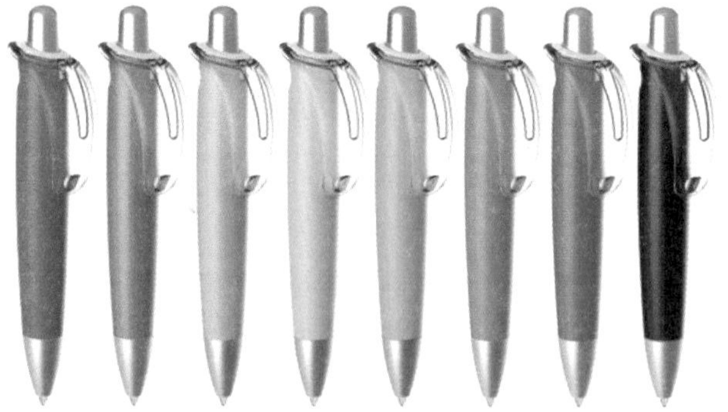

图 2-38

图 2-39

逆向思维有两个鲜明的特点：①突出的创新性。它以反传统、反常规、反定式的方式提出问题，思索问题，解决问题，所以它提出的和解决的问题令人耳目一新，具有突出的创新性。②反常的发明性。逆向思维是以反常的方式去思考设计的问题，所以用常规方法无法想到的设计构思用逆向思维就可以办得到（图 2-40 至图 2-44）。

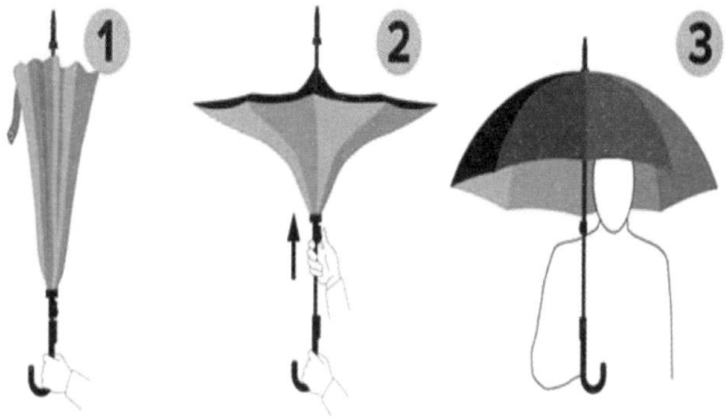

图 2-41

图 2-40

图 2-42

图 2-43

图 2-44

2.2.5 移植思维

移植思维是解决设计问题的一条有效途径，即突破传统界限去寻求创意，例如将用于医疗器械的某种技术和结构应用于新式的家具设计中，或者把应用于电脑的某种技术用到汽车座椅中来。移植思维是科学发展的一种重要方法。大多数的发现都可应用于所在领域以外的范畴里，而应用于新的领域时，往往能促成进一步的发现。重大的科学成果来自移植思维。

著名的可口可乐最初问世时其实是一种治疗感冒时头痛症状的药品，由于其口味独特成为世人喜爱的一种饮品（图 2-45 至图 2-51）。

图 2-46

图 2-45

图 2-47

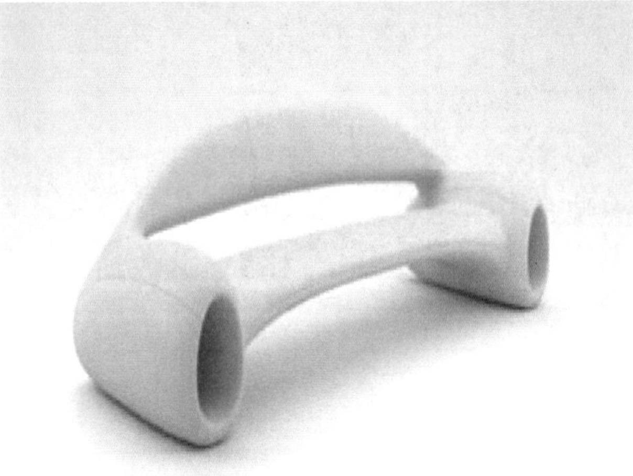

图 2-48

图 2-49

图 2-50

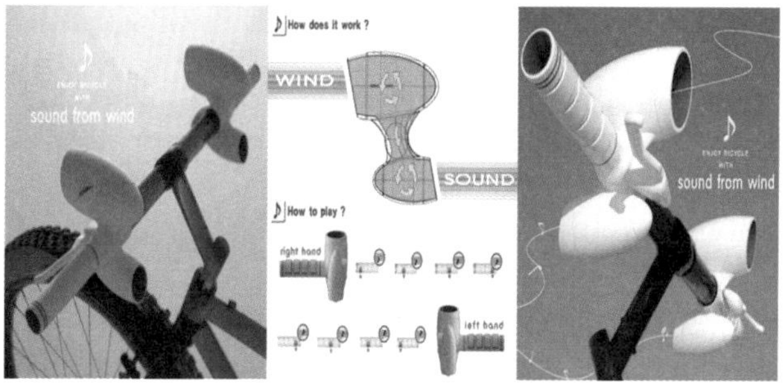

图 2-51

2.2.6　发散思维和收敛思维

发散思维又称辐射思维，它是不受现有知识和传统观念的局限和束缚，沿着不同方向多角度、多层次，去思考、去探索的思维形式。正是在发散思维中，我们看到了创意思维最明显的标志。

收敛思维也叫集中思维，是以某一思考对象为中心，从不同角度、不同方面将思路指向该对象，以寻找解决问题的最佳答案的思维形式。

在创造性的思维过程中，发散思维与收敛思维是相辅相成的，只有把两者很好地结合使用，才能获得创造性的成果（图 2-52 至图 2-65）。

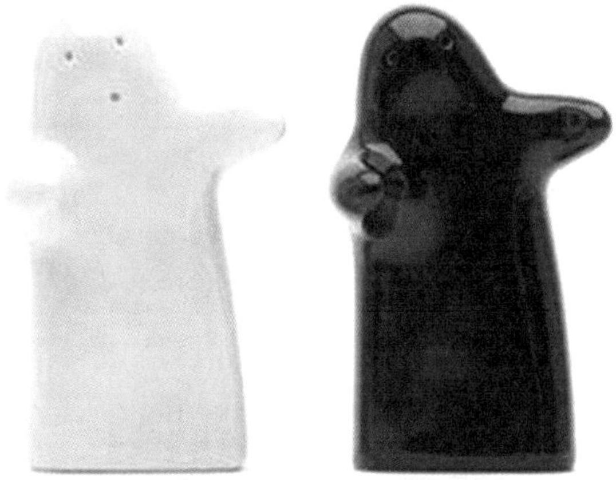

图 2-53

图 2-52

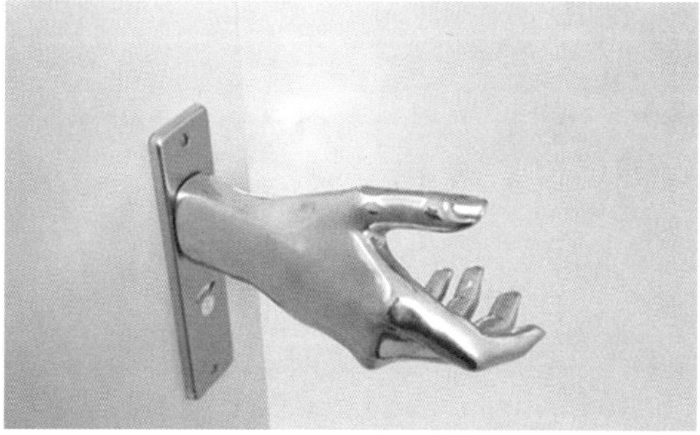

图 2-55

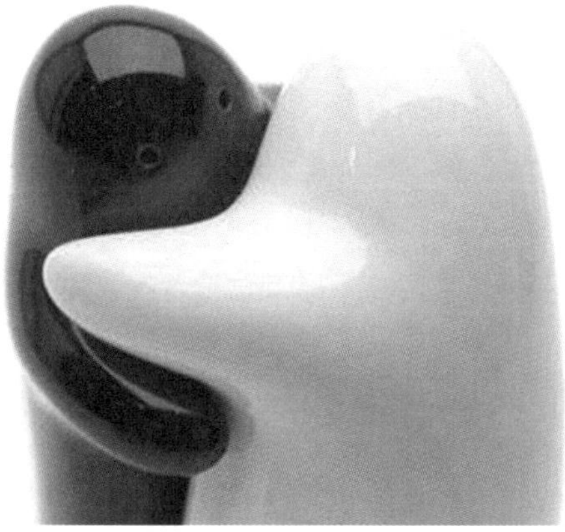

图 2-54

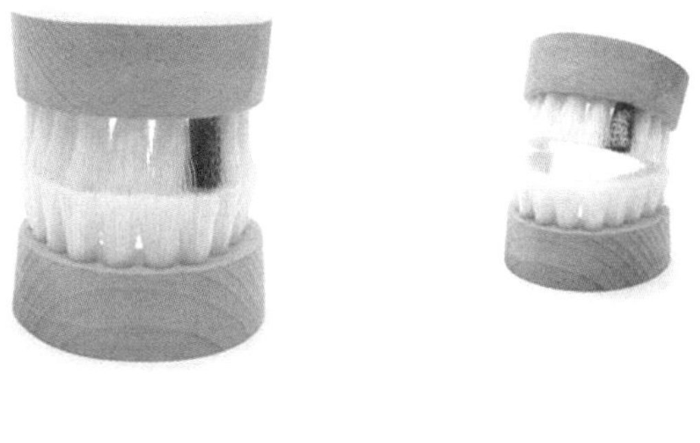

图 2-56

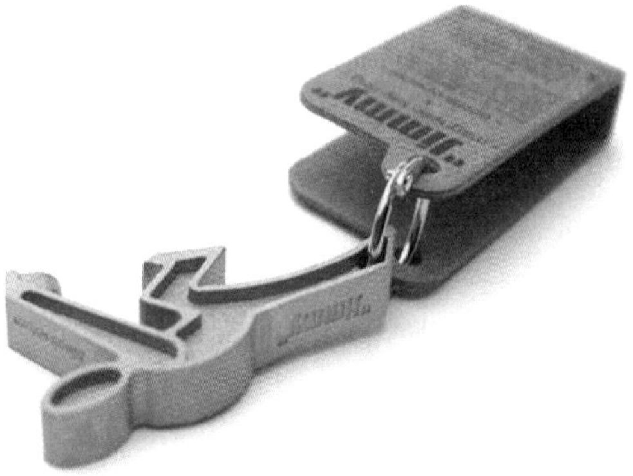

图 2-57

图 2-58

图 2-59

图 2-60

图 2-61

图 2-64

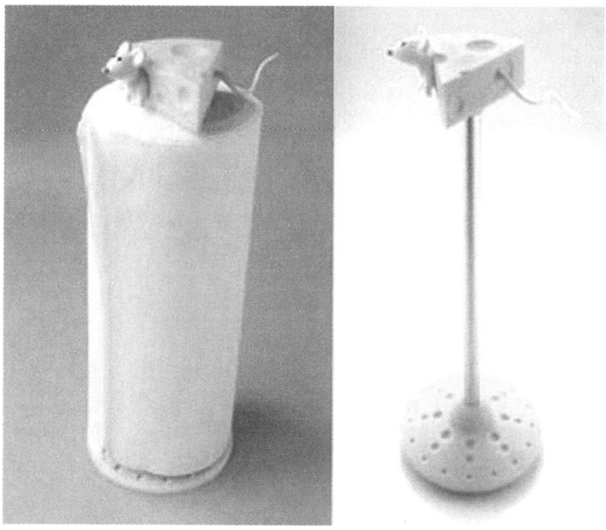

图 2-62

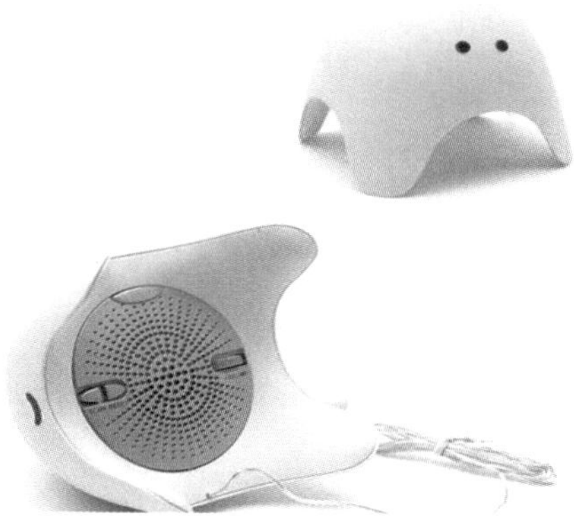

图 2-63

图 2-65

在产品设计的创新活动中，创新能力是设计得以开展和深入的核心。要增强设计创新的能力，必须了解设计思维的特点和方法，并且能够灵活运用灵感思维、加法思维、减法思维、逆向思维等多种思维方法；再加以现实的设计实践，才能成为真正与时代接轨，顺应市场潮流的具有创新思维能力的产品设计师。

2.3 扩展思维的角度

扩展思维的角度就是扩展思考问题的角度、层面、路线或立场。应该尽量多地增加头脑中的思维视角，学会从多种角度观察同一个问题。在设计创新中我们常常可以尝试采用下面的方法来扩展角度。

1. 肯定－否定－存疑

思维中的“肯定视角”就是，当头脑思考一种具体的事物或者观念的时候，首先设定它是正确的、好的、有价值的，然后沿着这种视角，寻找这种事物或观念的优点和价值。

思维中的“否定视角”正相反。否定，也可以理解为“反向”，就是从反面和对立面来思考一个事物；并在这种视角的支配下寻找这个事物或者观念的错误、危害、失败等负面价值。

对于某些事物、观念或者问题，我们一时也许难以判定，那就不应该勉强地“肯定”或者“否定”，不妨放下问题，让头脑冷却一下，过一段时间再进行判定。这就是“存疑视角”。

2. 自我－他人－群体

我们观察和思考外界的事物，总是习惯以自我为中心，用我的目的、我的需要、我的态度、我的价值观念、情感偏好、审美情趣等等，作为“标准尺度”去衡量外来的事物和观念。

“他人视角”要求我们，在思维过程中尽力摆脱“自我”的狭小天地，走出“围城”，从别人的角度，站在“城外”，对同一事物和观念进行一番思考，发现创意的苗头。

任何群体总是由个人组成的，但是，对于同一个事物，从个人的视角和从群体的视角，往往会得出不同的结论。

3. 无序－有序－可行

“无序视角”的意思是说，我们在创意思维的时候，特别是在思维的初期阶段，应该尽可能地打破头脑中的所有条条框框，包括那些“法则”“规律”“定理”“守则”“常识”之类的东西，进行一番“混沌型”的无序思考。

“有序视角”的含义是，我们的头脑在思考某种事物或者观念的时候，按照严格的逻辑来进行，透过现象，看到本质，排除偶然性，认识必然性。

创意的生命在于实施，我们必须实事求是地对观念和方案进行可行性论证，从而保证头脑中的新创意，能够在实践中获得成功。这就是“可行视角”。

思维的突破性：要想打破思维的恒常性就要敢于用科学的怀疑精神，对自己和他人的原有知识，包括权威的论断，要敢于独立地发现问题、分析问题、解决问题。

思维的方向性：创造性思维的方向性较开阔，应善于从全方位思考，当思路遇到难题受阻，能不拘泥于一种模式，灵活变换某种因素，从新角度去思考；善于调整思路，从一个思路到另一个思路，从一个意境到另一个意境；善于巧妙地转变思维方向，随机应变，产生适合时宜的创意。

练习：

通过练习认识自己当前的思维习惯，有意识地克服思维定式，熟悉专业的创意思维方式。

1. 瓶中取物的 20 种以上创意表现

经典故事的续作——乌鸦喝水

要求：想出不同的方式让乌鸦能喝到玻璃瓶里的水。

方式：图形表现，手绘文字说明。

优秀作业范例（图 2-66 至图 2-77）

乌鸦喝水(新)
2016.3.22
用吸管吸就可以喝到水了
下雨就可以把瓶子装满水了

图 2–66

烏鴉喝水紀
No.1
No.2
No.3
No.4
No.5
No.6
No.7
No.8
No.9
No.10
No.11
No.12
No.13
No.14
No.15
机智的乌鸦拿了个勺子~
可伸缩的瓶子你值得拥有~
2016/3/22

图 2–67

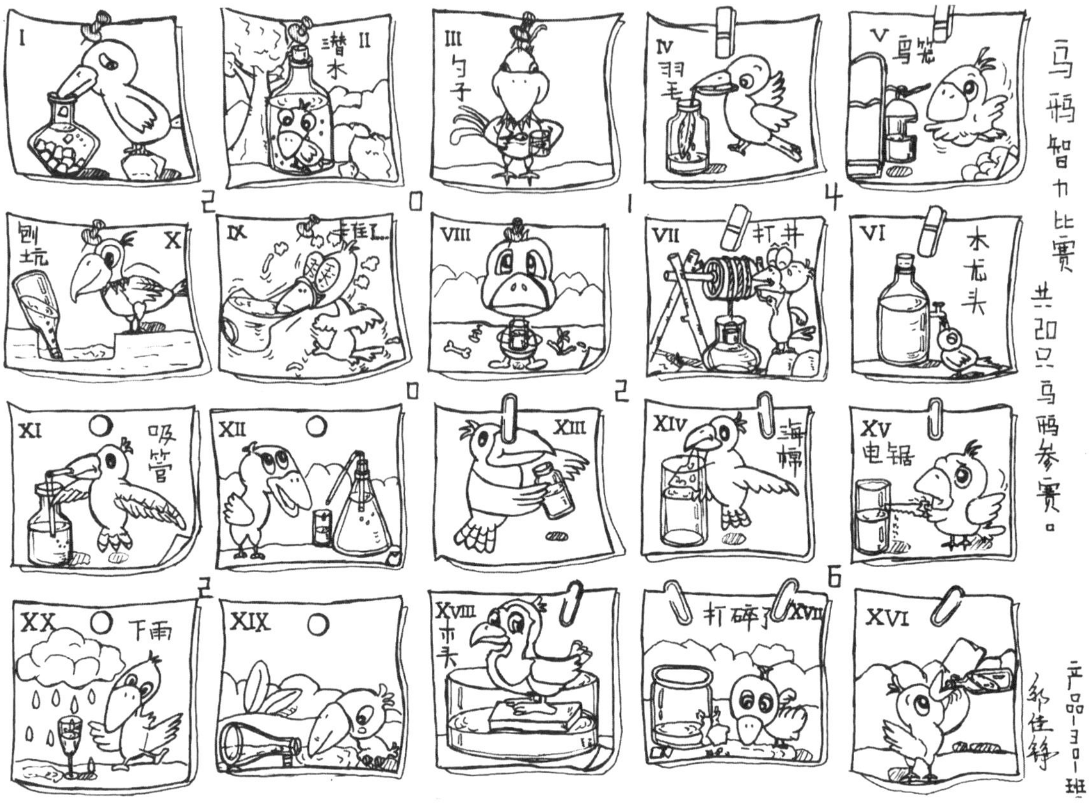
乌鸦智力比赛
共20只乌鸦参赛。
潜水
勺子
羽毛
鸟笼
刨坑
打井
水龙头
吸管
海棉
电锯
下雨
木头
打碎了
2014
2012
2016

图 2-68

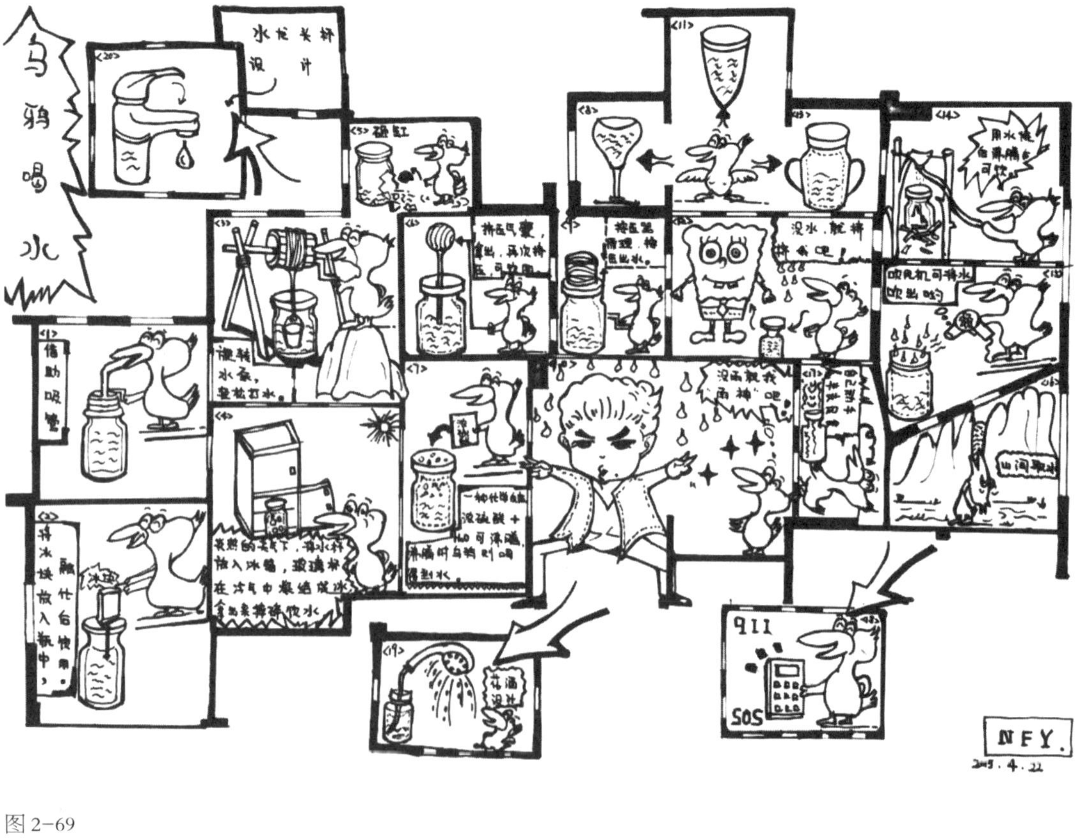
乌鸦喝水
水龙头设计
911
SOS
NFY.

图 2-69

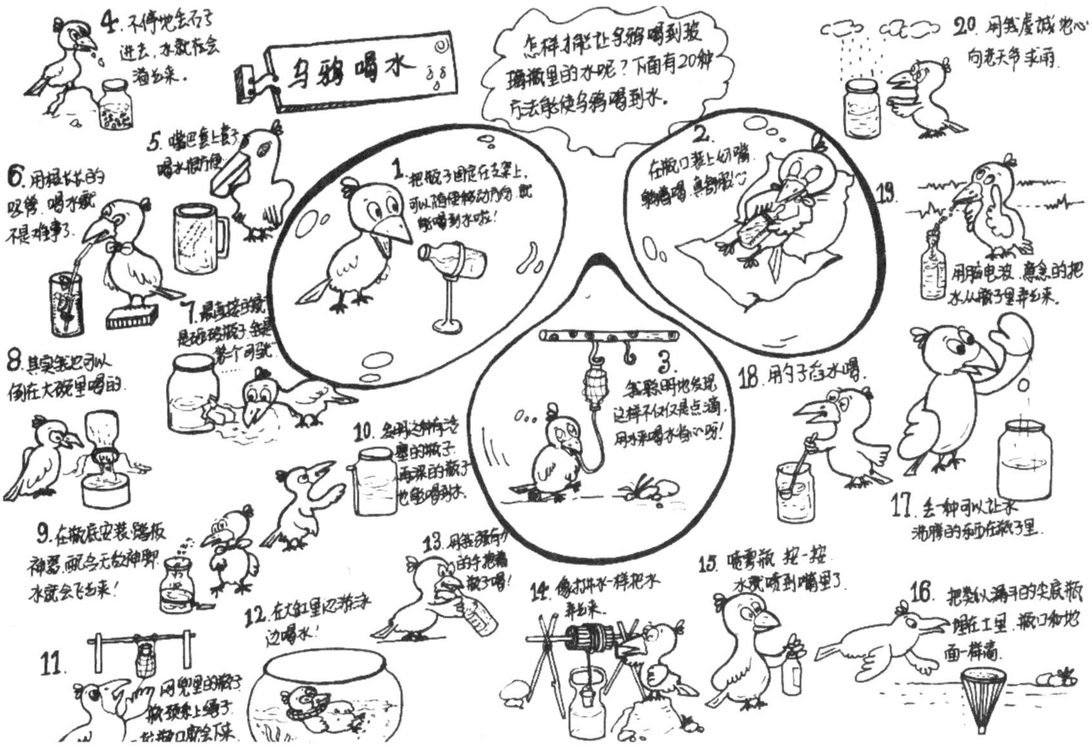
乌鸦喝水
怎样才能让乌鸦喝到玻璃瓶里的水呢？下面有20种方法能使乌鸦喝到水。
4. 不停地丢石子进去，水就会溢出来。
1. 把瓶子固定在支架上，可以随便移动方向，就能喝到水啦！
6. 用根长长的吸管，喝水就不是难事了.
8. 其实我也可以倒在大碗里喝的.
18. 用勺子舀水喝.
20. 用我虔诚的心向老天爷求雨.

图 2–70

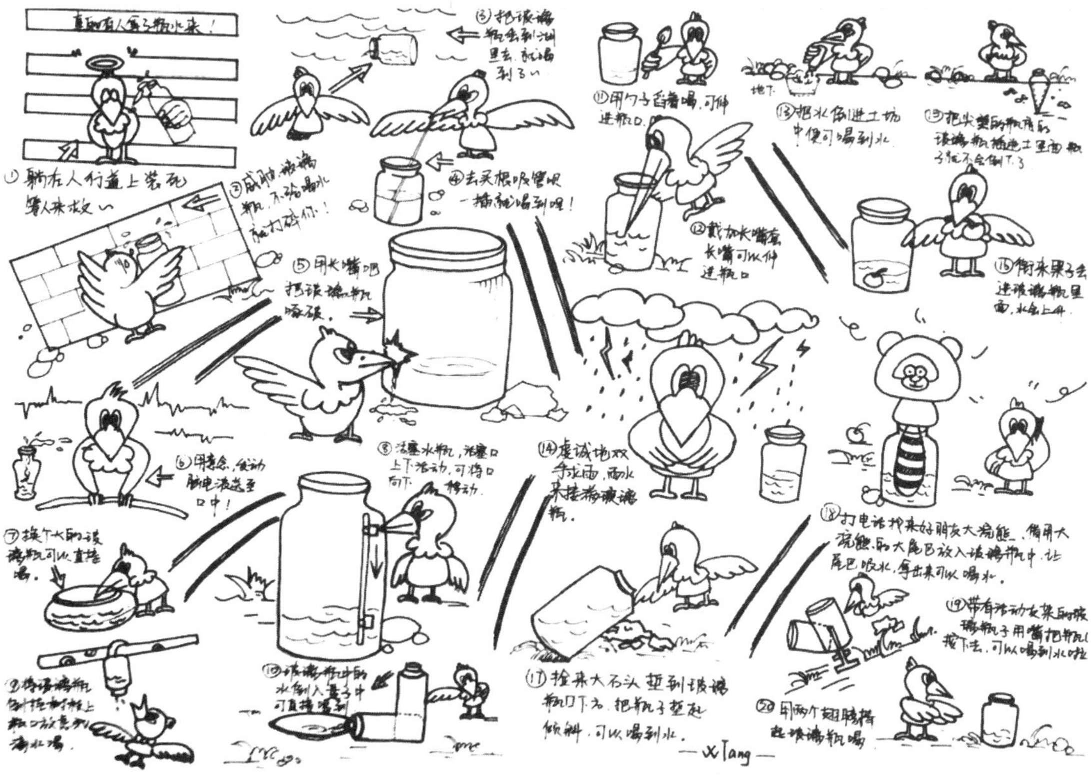

图 2–71

乌鸦喝水协奏曲
看我的
我是懒惰的小乌！
乌鸦请来的猴子救兵
勺子可是淑女的最爱呀！
消毒粉
听说往水里加消毒粉就会有好多泡泡！
干冰什么的最好玩了！
这布条吸水性真好
坐等蒸馏水
再来点，冰块就好了~
我是无敌破坏神！
减肥成功！
爽啊！爽啊！爽啊！T^T
一二三四，二二三四，三二三四，再来一次！
儿子！证明你存在价值的时候来了！
喝口水我容易么T^T
把你敲碎就好！
海绵吸饱水就可以挤出来咯！
看我伸长~伸长~伸长~又伸长的手指~
手压泵是个好东西
加个奶嘴就完美了
洋葱
Tony 2014.4.24

图 2-72

喝水の故事
请叫我女王大人！！！
男猪脚
Long Long ago…女王大人在森林里遇见了一只萌萌哒的男猪脚。女王大人对男猪脚一见钟情。但萌萌哒男猪脚不喜欢女王大人，于是女王大人想到了20种征服萌萌哒男猪脚的办法。
1.
2.
3.
4.
5.
6.
注射器
7.
119
8.
9.
10.
用magic马换大象
11. 12.
夜太美
13.
找来海绵宝宝
14.
CO_2
15.
16.
使用气罐
17.
18.
19.
20.

图 2-73

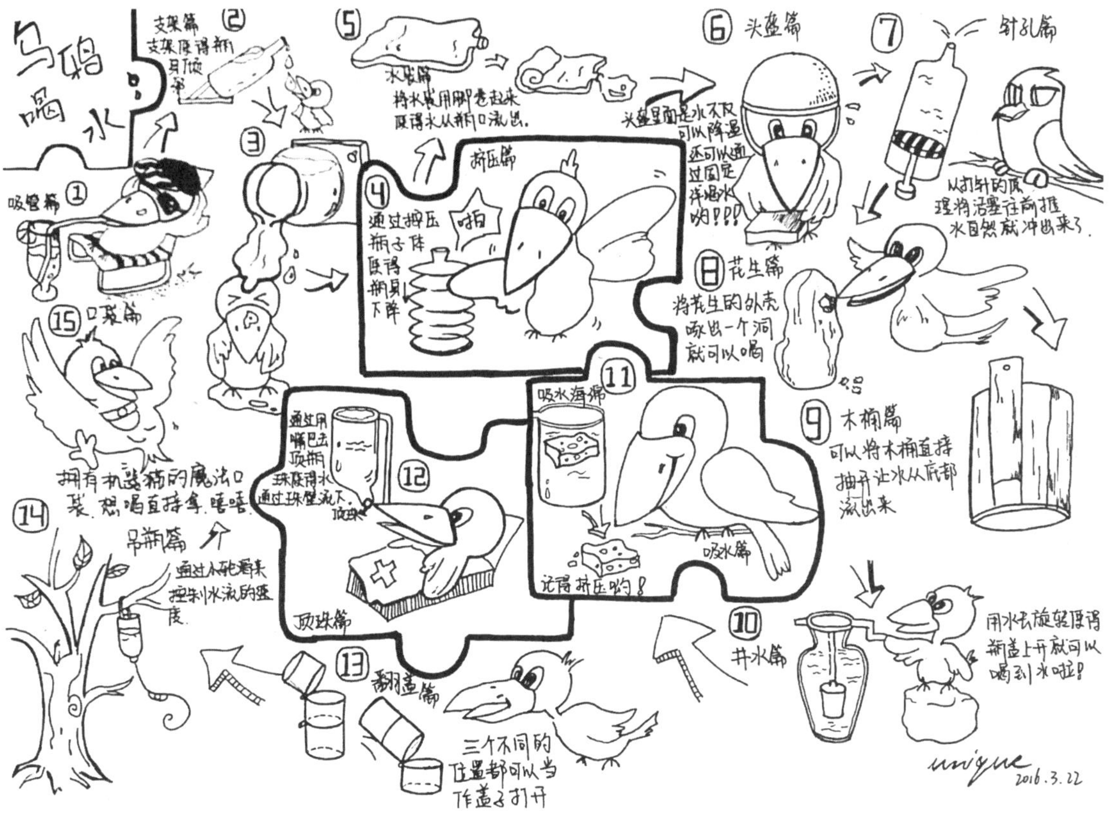
乌鸦喝水
① 吸管篇
② 支架篇
③
④ 挤压篇
通过挤压瓶子使瓶身下降
⑤ 水袋篇
⑥ 头盔篇
⑦ 针孔篇
⑧ 花生篇
将花生的外壳啄出一个洞就可以喝
⑨ 木桶篇
可以将木桶直接抽开让水从底部流出来
⑩ 井水篇
⑪ 吸水海绵篇
吸水篇
记得挤压哟！
⑫ 顶珠篇
⑬ 翻盖篇
三个不同的位置都可以当作盖子打开
⑭ 吊瓶篇
⑮ 口袋篇
2016.3.22

图 2–74

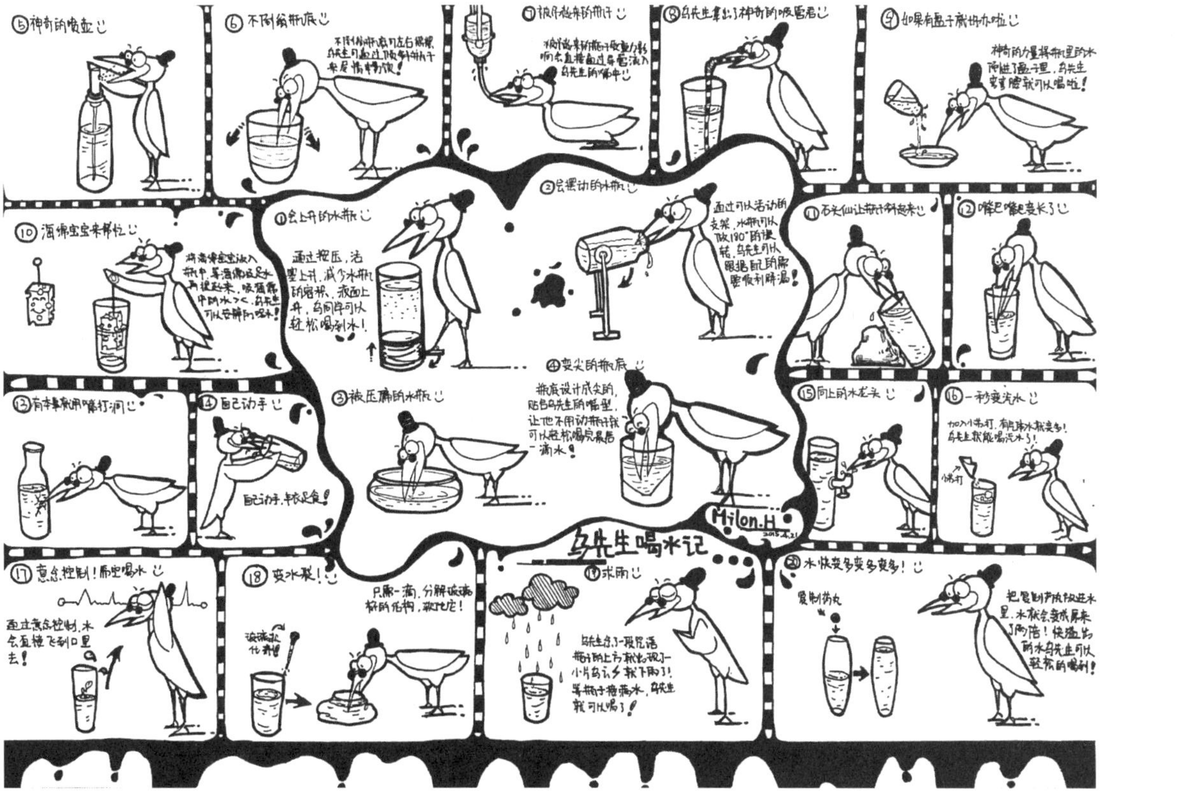
⑤神奇的喷壶
⑥不倒翁瓶底
⑧乌先生拿出了神奇的吸管
⑩海绵宝宝来帮忙
①会上升的水瓶
②会摆动的水瓶
③被压扁的水瓶
④变尖的瓶底
⑮向上的水龙头
⑯一秒变汽水
⑰意念控制！隔空喝水
⑱变水袋！
⑲求雨
⑳水快变多变多变多！
乌先生喝水记
Milon.H

图 2–75

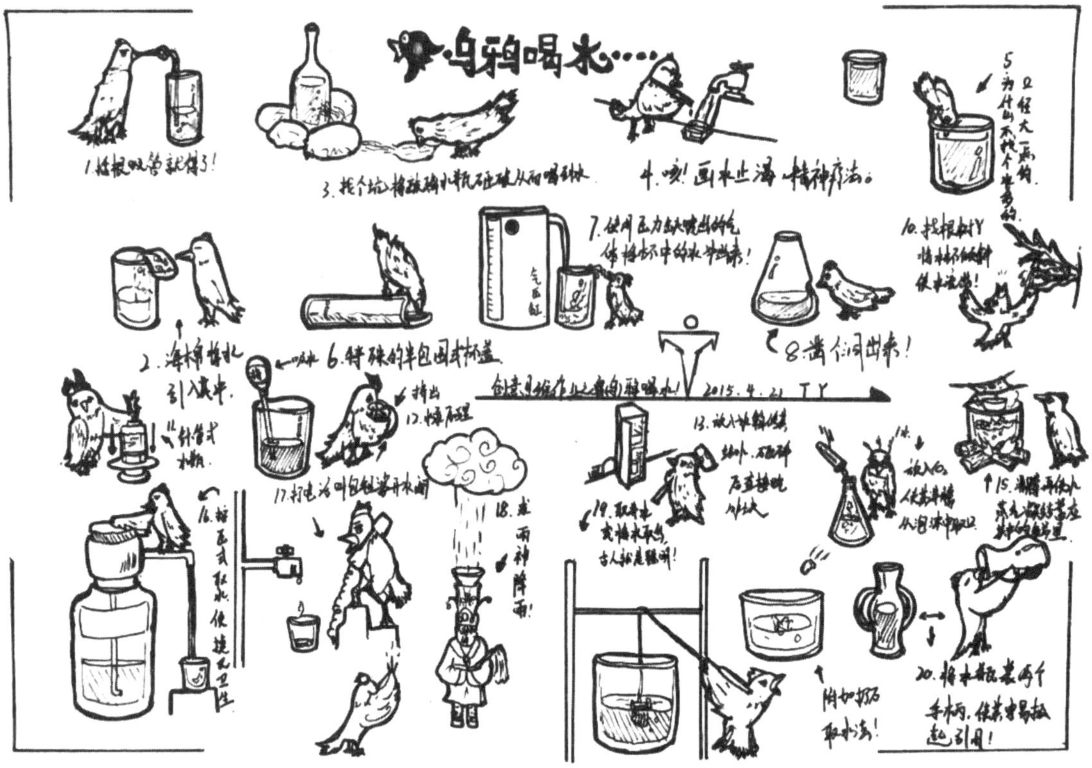

图 2-76

图 2-77

2. 一切皆有可榨——20 种榨柠檬汁的方法

要求：想出不同的方式大于等于 20 种。

方式：图形表现，手绘文字说明。

优秀作业范例（图 2-78 至图 2-85）

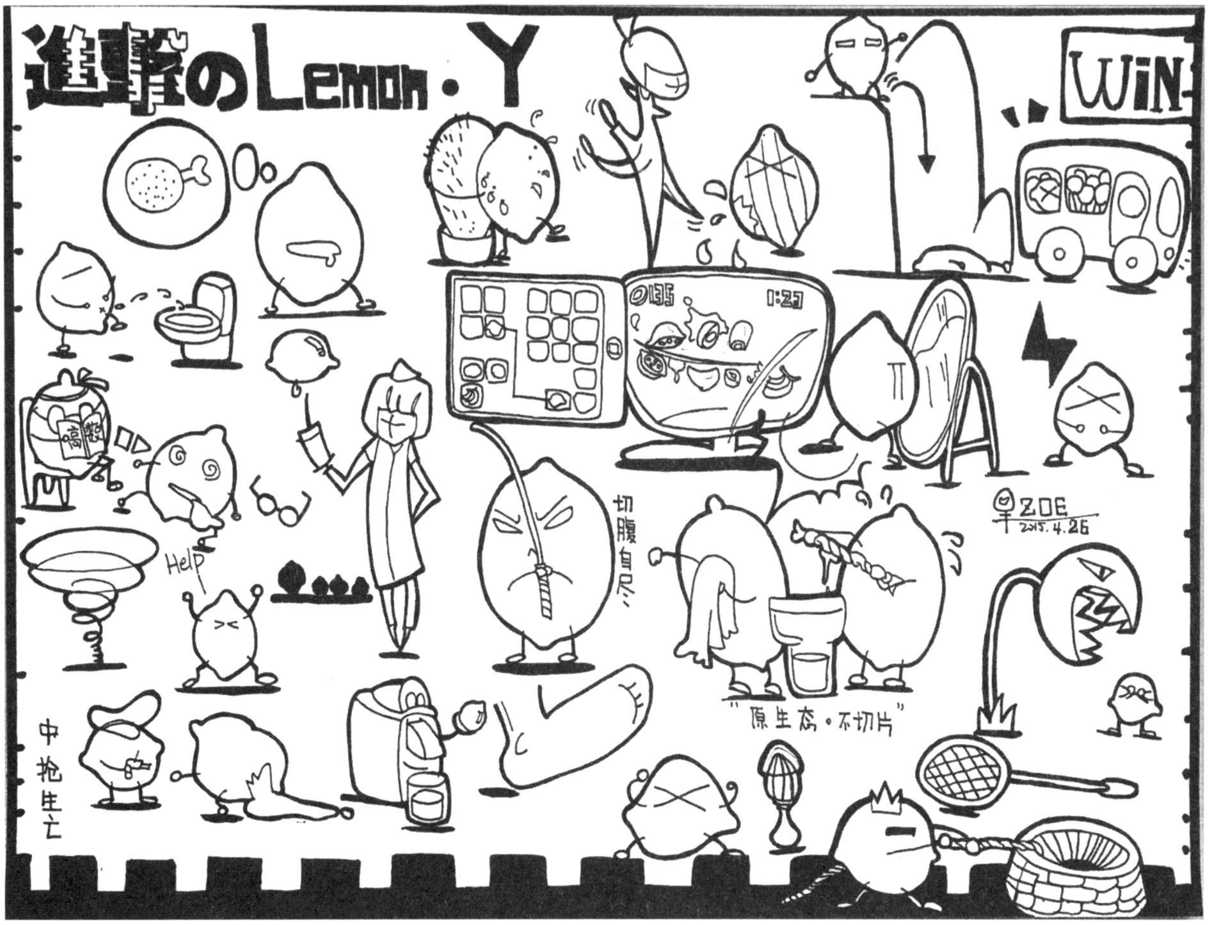

图 2-78

陳威 09.5.13.
古代欧洲
古中国
古印度
英国人
德国人
美国人
中国人
近代世界

图 2-79

锯齿类的刀具
锤子用力砸!
用力往中间挤!
向下推挤压棒
屁股用力坐下
汁液流到底下。
F.Join

图 2-80

图 2-81

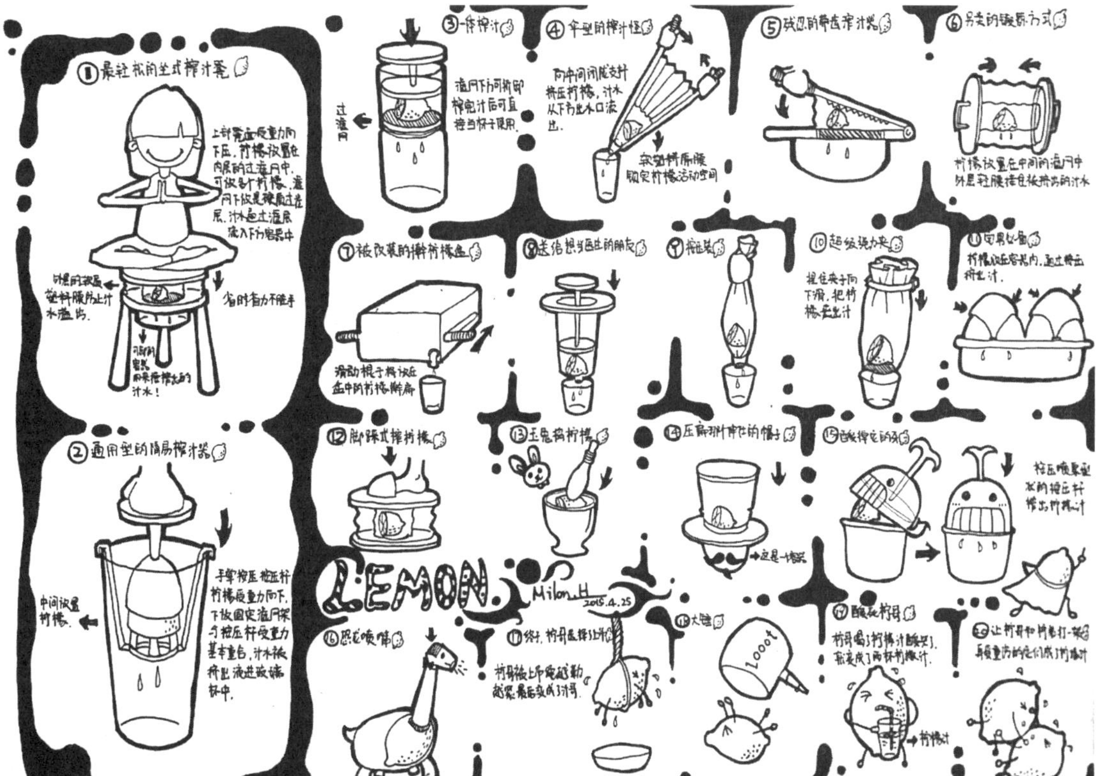

图 2-82

進撃のLemon·F
被门夹
手下留情
用脚踩
跳楼…
运动出汗
捣碎成汁
我叉、叉叉…
医务室
滑冰摔倒
你好残忍
搬砖砸脚
Aifer

图 2-83

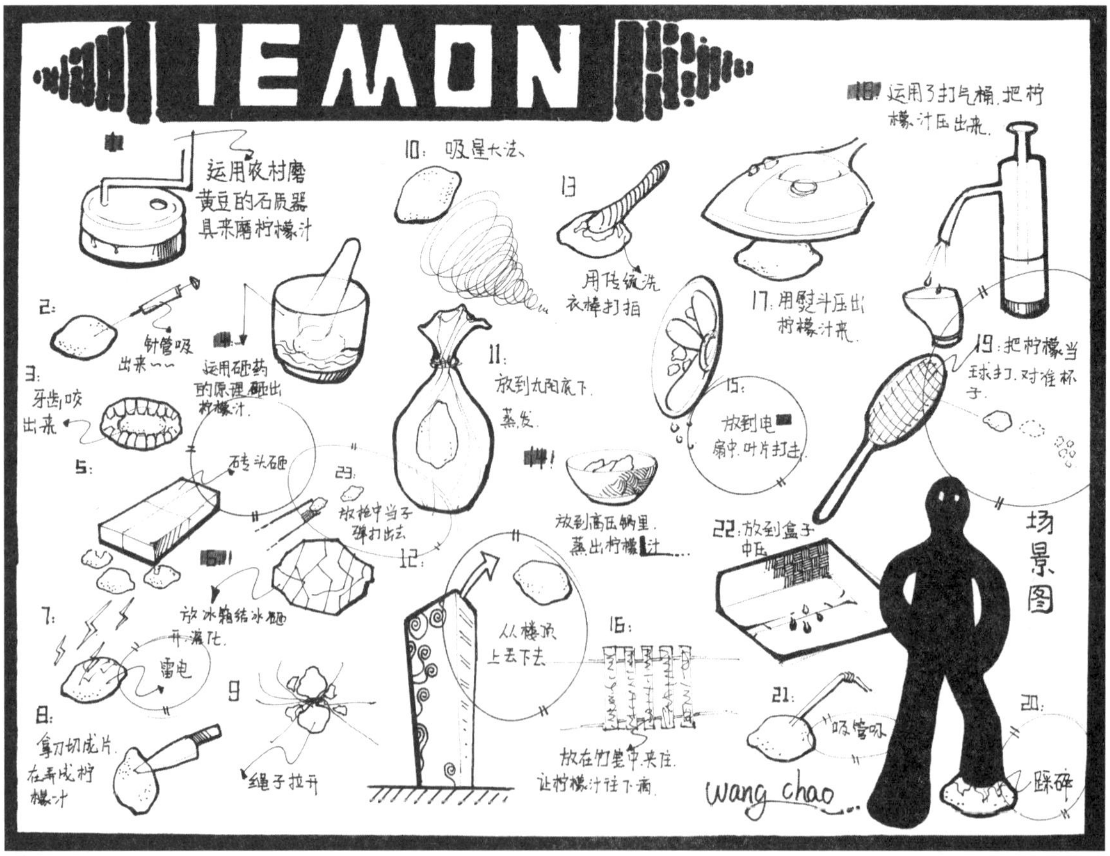
IEMON
运用农村磨黄豆的石质器具来磨柠檬汁
10：吸星大法、
运用了打气桶，把柠檬汁压出来。
2：针管吸出来~~
运用砸药的原理砸出柠檬汁。
3：牙齿咬出来
5：砖头砸
23：放枪中当子弹打出去
11：放到太阳底下蒸发。
13 用传统洗衣棒打拍
17：用熨斗压出柠檬汁来。
15：放到电扇中，叶片打击
19：把柠檬当球打，对准杯子。
放到高压锅里，蒸出柠檬汁…
22：放到盒子中压
场景图
放冰箱结冰砸开，溶化。
7：雷电
12：从楼顶上丢下去
16：放在竹篓中夹住，让柠檬汁往下滴
9 绳子拉开
8：拿刀切成片，在弄成柠檬汁
21：吸管吸
20：踩碎
wang chao

图 2-84

图 2–85

第3章 创意思维的五个步骤

图 3-1

3.1 收集原始资料

在实际执行时，收集原始资料并不像其表面上那么简单。这是一件我们永远想规避的、相当烦人的琐事。我们很多时候把应该花在收集原始资料上的时间，都用于心不在焉地发呆。不去有系统地达成收集资料的任务，却代之以无所事事的空想，等待灵感的降临。我们必须收集的资料有两种：特定资料和一般资料。明确要解决的问题，围绕问题收集信息，并试图使之概括化和系统化，使问题和信息在脑细胞及神经网络中留下印记。人脑的信息存储和积累是诱发创新思维的先决条件，存储愈多，诱发愈多，任何一项创造发明都需要一个准备过程，只是时间长短不一而已。

收集原始资料，一部分是目前的工作，另一部分是长期的工作。所以对于资料的处理也要注意方法。

3.1.1 系统地整理

如要对特定资料收集做任何大规模的工作，在做的时候，能够学习“卡片索引方法”是很有帮助的。只要自己准备白卡片，把你收集的特定资讯写在上面。每张卡片只记一项事件，事后可开始以题目之不同分项归类。最后可以适当地做个分类建档。这种方法的优点是，不仅能使你的工作有次序，而且还可以暴露出现在所缺少的知识。它甚至强迫你的心智透过自己所书写的资料，真正地准备完成产生创意的过程。当然在当下这个信息化的时代，我们经常使用在电脑中建立文件夹以及目录树、子菜单的方式代替“卡片索引”。

3.1.2 广泛地收集

设计工作需要广泛的知识面，设计者的信息涉猎也要五花八门，为了储藏某些类别的一般资料，使用类似剪贴簿或文件夹等，是很有帮助的方法。我们偶然寻获的大量遗漏的资料，也是产生创意可利用的资产，如剪报、出版物上的专题文章、原始的评论、前沿的科技创新、热点社会问题、新闻报道、传统文化、民族特色内容等等。在这类资料中，可以建立有用的创意资料库。

3.1.3 提高精确查找信忠的能力

当今，信息传播的速度惊人，涉及的范围遍及全球。学生可以登录互联网阅读某些国家的即时新闻；可以利用图书馆的搜索系统，在上万种图书中精确查找自己需要的书籍；也可以利用社交网络与自己欣赏的设计师沟通。在信息发达的社会，人们只要想去了解，就很容易找到信息传播的渠道，但同时也会出现很多错误的信息，这时需要浏览者懂得对信息进行取舍、验证并借鉴。设计艺术类学生在设计作品时，通常使用搜索引擎输入关键字，依据自己的感觉、喜好来挑选搜索的作品进行借鉴。这个过程过于简单，不加思考地搜集信息不利于有效的创新。信息搜集的原则是保证信息的完整性、实时性、准确性、易懂性，提高精确查找信息的能力非常重要，很多时候能极大地提高我们的工作效率（图 3-2、图 3-3）。

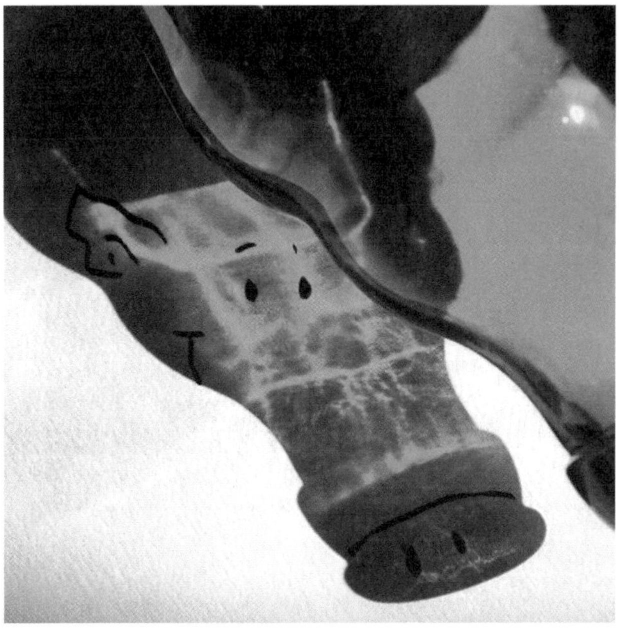

图 3-2

图 3-3

3.2　观察、探索资料——寻求关系

收集资料以后，就要对这些资料加以咀嚼，正如同要对食物加以消化一样。

这个步骤的过程比较难以具体描述，因为它完全在大脑中进行。在围绕问题进行积极的思索时，人脑会不断地对神经网络中的递质、突触、受体进行能量积累，为产生新的信息而动作。这一阶段人脑能总体根据各种感觉、知觉、表象提供的信息，认识事物的本质，大脑神经网络创造力有超前思考和自觉性。在准备之后，一种研究的进行或一个问题的解决，难以一蹴而就，往往需要经过探究尝试。故这一阶段也常常叫作探索解决问题的潜伏期、孕育阶段。

首先要做的是把已收集到的资料，用自己的智慧去感受和理解。将一件事反复用不同的方式看，用不同的看法见解来诠释，以探索其意义。再把两件事放在一起，看它们如何配合。然后要寻求的是相互的关系，以使每件事物都能像是拼图玩具那样，汇聚综合后成为一个恰当的组合。

在你进行这一程序时，有两件事会发生。

（1）你会得到小量不确定的或部分不完整的创意，把这些都写在纸上。不管表面上是如何的荒诞不经或残缺不全，把它们都记下来。这些都是真正的创意即将到来的预兆，把这些都以文字表现出来，以促进此项过程。这时，又是小卡片有用的时候了。

（2）渐渐地，你会对拼图感到非常厌倦。然而，你不要过早就厌倦，心智也能在疲劳后产生轻松感。在此过程中，至少要追求内心活力的第二波，继续努力去得到更多的想法，把它都记在小卡片上。不久以后，你将到达绝望的阶段。在你的心智中，每件事物都是一片混乱，在任何地方都不能清楚地洞察。假如你在最初坚持努力去拼好你的拼图，当你达到这一点时，在整个过程中已完成了第二个阶段，可准备进入第三个阶段（图 3-4、图 3-5）。

图 3-4

图 3-5

3.3　放任思维

在这一个阶段中，把自己的创意主题全部放开，尽量不去想这个问题。此时你要做的，显然是把问题置于下意识的心智中，让它在不经意之间发生作用。

在此阶段中，要把问题置于意识之外，并刺激下意识的创作过程。想想福尔摩斯在案件进行中把华生拖出去听音乐会，这对崇尚务实而无想象力的华生而言，是一件使其非常恼火的事情，但对福尔摩斯而言这种方式却往往让他超脱案件之外在下意识中揭开谜底、找到真相。而作者柯南・道尔则是一位创作者，了解创作的过程。

所以，当达到产生创意的第三个步骤时，就会完全放弃问题，并转向任何能刺激到你想象力及情绪的事，去听音乐、听戏、看电影、阅读诗歌或侦探小说等等。

在第一个步骤中，你要收集你的食粮；第二个步骤中，你要把它咀嚼好；现在是消化上场，听其自然，但让胃液刺激其流动（图 3-6 至图 3-13）。

图 3-6

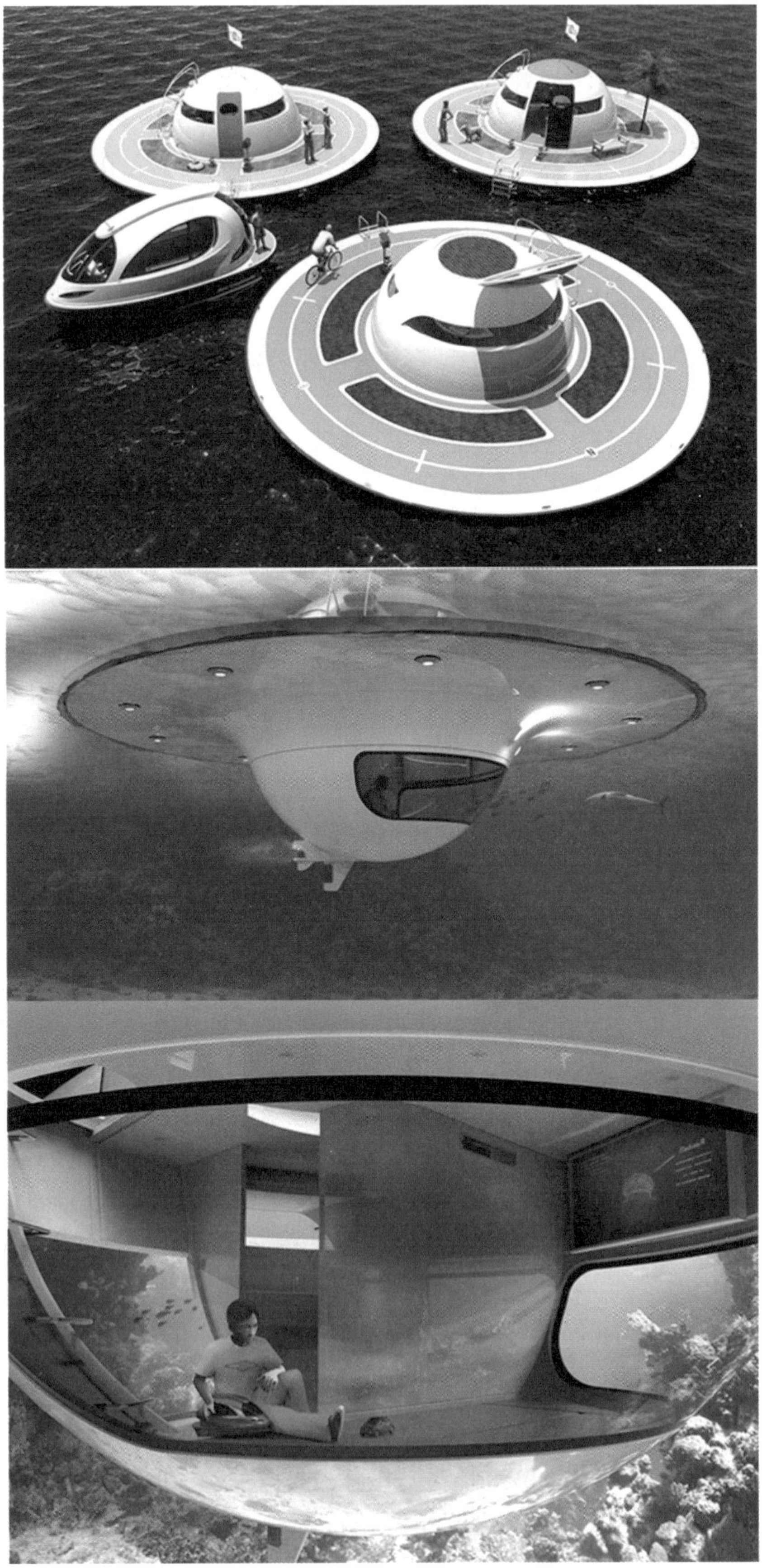

图3-7

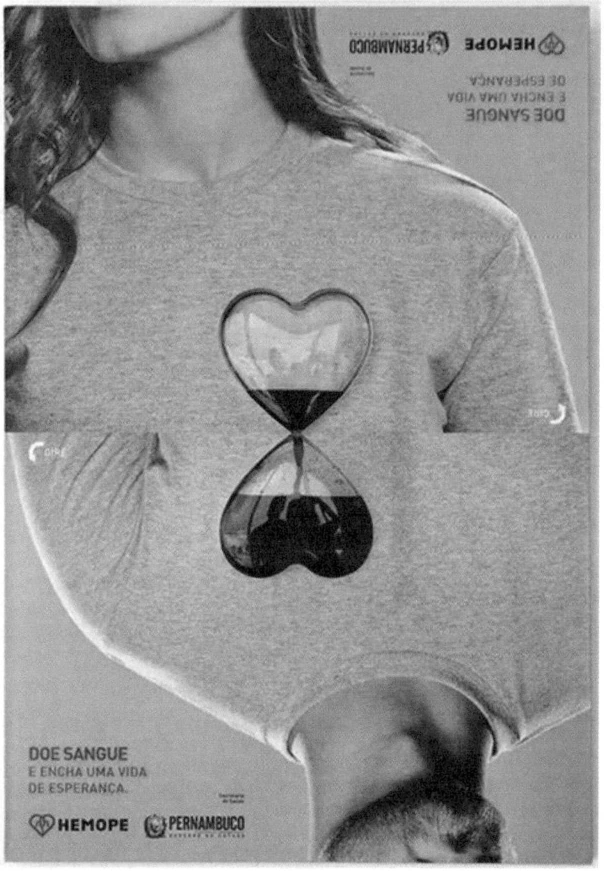

图 3-8

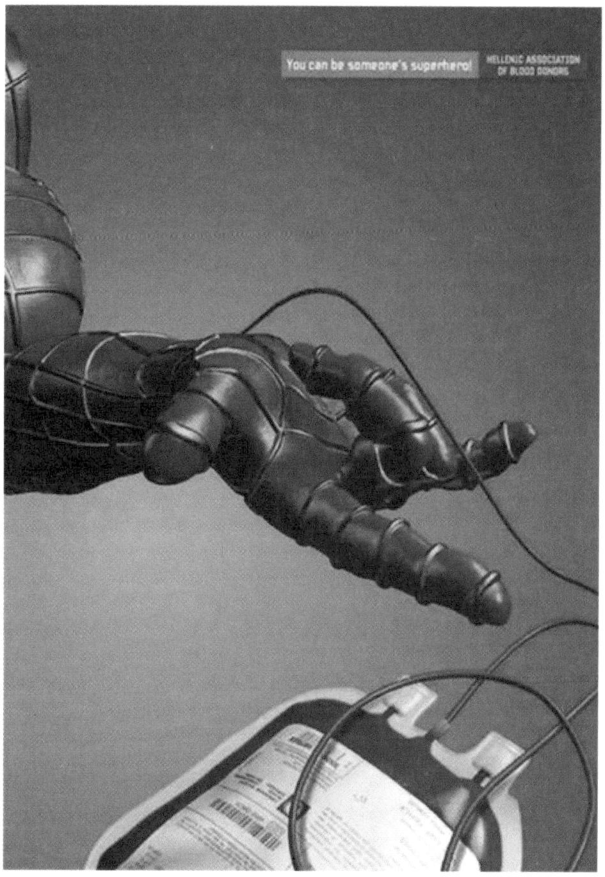

图 3-10

图 3-9

图 3-11

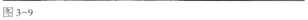

图 3-12

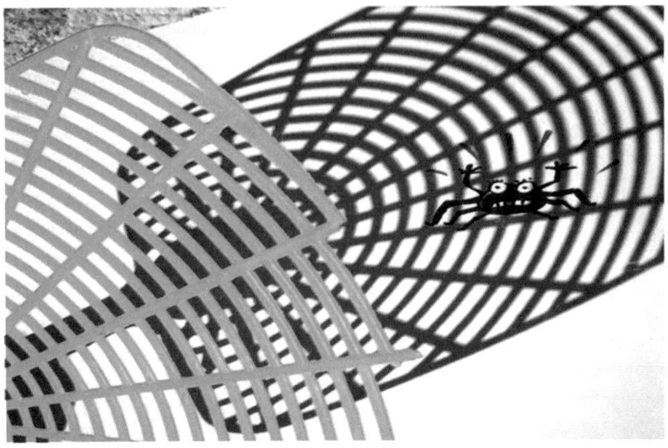

图 3-13

3.4 突发灵感

人脑有意无意地突然出现某些新的形象、新的思想，使一些长久未能解决的问题在突然之间得以解决。进入这一个阶段，问题的解决一下子变得豁然开朗。创造主体突然间被特定情景下的某一特定启发唤醒，创新意识猛然被发现，以前的困扰顿时一一被化解，问题顺利解决。这一阶段是创新思维的重要阶段，被称为“直觉的跃进”、“思想上的光芒”。这一个阶段客观上是由于重要信息的启示、艰苦不懈地思索，主观上是由于孕育阶段内，研究者未能全身心投入去思考，从而使无意识思维处于积极活动状态，不像专注思索时思维按照特定的方向运行，这时由于思维范围扩大，思想信息相互联系并相互影响，为问题地解决提供了良好的条件。突然间会出现创意，它会在你最没期望它出现的时机出现。当你刮胡子的时候，或沐浴时，或者最常出现于清晨半醒半睡的状态中，也许它会在夜半时刻把你唤醒（图 3-14 至图 3-16）。

图 3-14

图 3-15

图 3-16

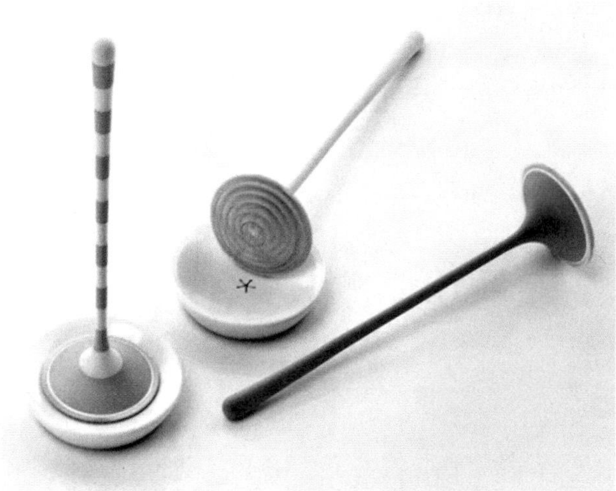

图 3-17

3.5　完善创意

经过最后一个步骤，才能产生创意的过程。这一个阶段，可以称之为寒冷清晨过后的曙光。这个时候，一定要把可爱的新生创意拿到现实世界中，如此做的时候，常会发现新生儿并不像初生时那样奇妙。还需要做许多耐心的工作，以使大多数的创意能够适合实际状况，或在实际紧急情况下能发生作用。此时我们会丧失许多好的创意。因创意人像发明家一样，常没有耐心或不够实际地去完成在整个过程中的适应部分。但在这劳碌平凡的世界中，假如我们想使创意能发生作用，就必须要做这项工作。在这个阶段，不要犯把创意守密不发表的错误，要把它交给有深思远虑的批评者审阅。这个过程中，我们会发现，好的创意对象具有自我扩大的本质，它会刺激那些看过它的人们，并对其加以增补。因而有把我们所忽视而有价值的部分显露出来的可能性，所以创意是个人型的工作，更是团队型的工作（图 3-17 至图 3-20）。

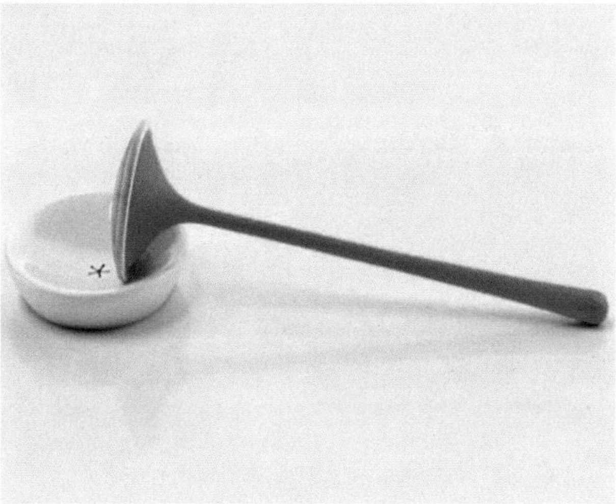

图 3-18

图 3-19

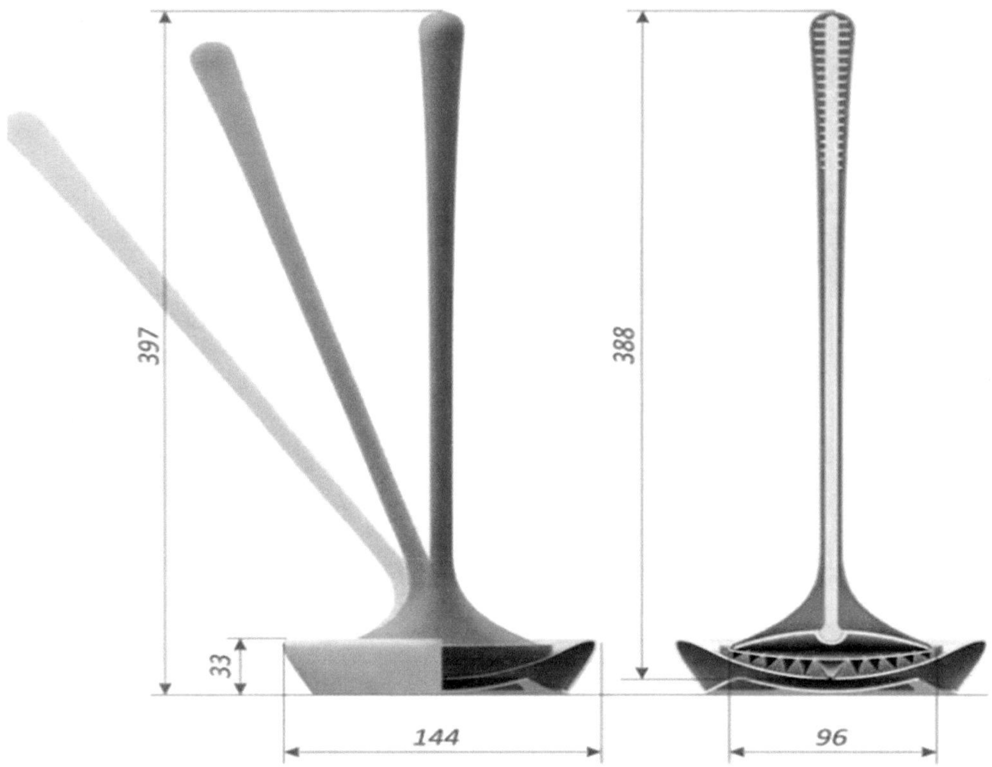

图 3-20

练习：

1. 分组进行讨论，提出关于创意餐具设计的创意想法。

要求：提出尽可能多的想法，用 A4 纸绘出。

方式：图形表现，手绘文字说明。

2. 分组进行讨论，提出关于节假日出行相关的创意想法。

要求：提出尽可能多的想法，用 A4 纸绘出。

方式：图形表现，手绘文字说明。

第 4 章　激发创意思维潜能的方法

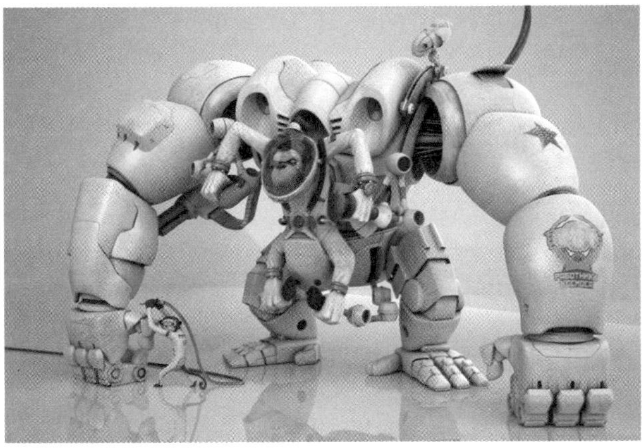

图 4-1

4.1　头脑风暴

4.1.1 什么是头脑风暴

头脑风暴 (Brain-Storming)，最早是精神病理学上的用语，指精神病患者的精神错乱状态。而现在则成为无限制的自由联想和讨论的代名词，其目的在于产生新观念或激发创新设想。

在群体决策中，由于群体成员心理相互作用的影响，易屈于权威或大多数人的意见，形成所谓的“群体思维”。群体思维削弱了群体的批判精神和创造力，损害了决策的质量。为了保证群体决策的创造性，提高决策质量，在管理上发展了一系列改善群体决策的方法，头脑风暴法是较为典型的一个方法。

头脑风暴法可分为直接头脑风暴法（通常简称为头脑风暴法）和质疑头脑风暴法（也称反头脑风暴法）。前者是在专家群体决策上尽可能激发创造性，产生尽可能多的设想的方法，后者则是对前者提出的设想、方案逐一质疑，分析其现实可行性的方法。

采用头脑风暴法组织群体决策时，要集中有关专家召开专题会议，主持者以明确地方式向所有参与者阐明问题，说明会议的规则，尽力创造融洽轻松的会议气氛。主持者一般不发表意见，以免影响会议的自由气氛，由专家们“自由”地提出尽可能多的方案（图 4-2）。

图 4-2

4.1.2 头脑风暴激励原则

头脑风暴如何能激发创新思维？

第一，联想反应。联想是产生新观念的基本过程。在集体讨论问题的过程中，每提出一个新的观念，都能引发他人的联想。相继产生一连串的新观念，产生连锁反应，形成新观念堆，为创造性地解决问题提供了更多的可能性。

第二，热情感染。在不受任何限制的情况下，集体讨论问题能激发人的热情。人人自由发言、相互影响、相互感染，能形成热潮，突破固有观念的束缚，最大限度地发挥创造性的思维能力。

第三，竞争意识。在有竞争意识的情况下，人人争先恐后，竞相发言，不断地开动思维机器，力求有独到见解，新奇观念。心理学的原理告诉我们，人类有争强好胜的心理，在有竞争意识的情况下，人的心理活动效率可增加 50% 或更多。

第四，个人欲望。在集体讨论解决问题的过程中，个人的欲望自由，不受任何干扰和控制，是非常重要的。头脑风暴法有一条原则，不得批评仓促的发言，甚至不许有任何怀疑的表情、动作、神色。这就能使每个人畅所欲言，提出大量的新观念（图 4-3、图 4-4）。

图 4-3

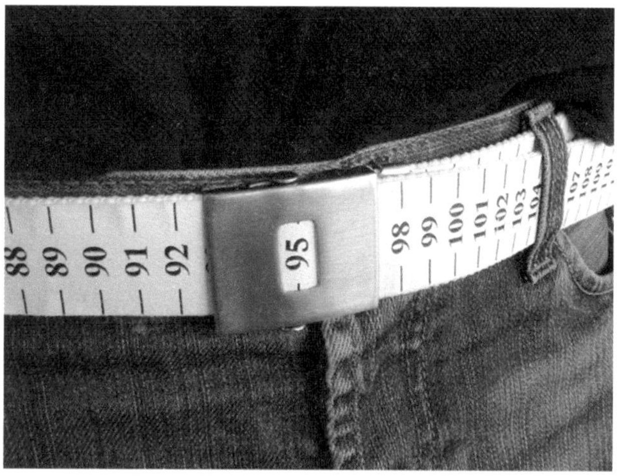

图 4-4

4.1.3 头脑风暴的要求

（1）组织形式

参加人数一般为 5 — 10 个人（课堂教学可以以班为单位），最好由不同专业或不同岗位者组成；会议时间控制在 1 个小时左右；设主持人 1 名，主持人只主持会议，对设想不作评论。设记录员 1 — 2 个人，要求认真地将与会者每一个设想不论好坏都完整地记录下来。

（2）会议类型

设想开发型：这是为获取大量的设想、为课题寻找多种解题思路而召开的会议。因此，要求参与者要善于想象，语言表达能力要强。

设想论证型：这是将众多的设想归纳转换成实用型方案召开的会议。要求与会者善于归纳、善于分析判断。

（3）会前准备工作

会议要明确主题，会议主题提前通报给与会人员，让与会者有一定准备；选好主持人，主持人要熟悉掌握该技法的要点和操作要素，摸清主题现状和发展趋势。

参与者要有一定的训练基础，懂得该会议提倡的原则和方法；会前可进行柔化训练，即对缺乏创新的锻炼者进行打破常规思考、转变思维角度的训练活动，以减少思维惯性，从单调的紧张工作环境中解放出来，以饱满的创造热情投入激励设想活动。

（4）会议原则

为使与会者畅所欲言，互相启发和激励，达到较高效率，必须严格遵守下列原则：

①禁止批评和评论，也不要自谦。对别人提出的任何想法都不能批判、不得阻拦。即使自己认为是幼稚

的、错误的，甚至是荒诞离奇的设想，亦不得予以驳斥；同时也不允许自我批判，在心理上调动每一个与会者的积极性，彻底防止出现一些“扼杀性语句”和“自我扼杀语句”。诸如“这根本行不通”“你这想法太陈旧了”“这是不可能的”“这不符合某某定律”以及“我提出一个不成熟的看法”“我有一个不一定行得通的想法”等语句，禁止在会议上出现。只有这样，与会者才可能在充分放松的心境下，在别人设想的激励下，集中全部精力开拓自己的思路。

②目标集中，追求设想数量，越多越好。在智力激励法实施会上，只强制大家提设想，越多越好。会议以谋取设想的数量为目标。

③鼓励巧妙地利用和改善他人的设想，这是激励的关键所在。每个与会者都要从他人的设想中激励自己，从中得到启示，或补充他人的设想，或将他人的若干设想综合起来提出新的设想等。

④与会人员一律平等，把各种设想全部记录下来。与会人员，不论是该方面的专家、员工，还是其他领域的学者，以及该领域的外行人员，一律平等；各种设想，不论大小，甚至是最荒诞的设想，记录人员也要认真地将其完整地记录下来。

⑤主张独立思考，不允许私下交谈，以免干扰到别人的思维。

⑥提倡自由发言，畅所欲言，任意思考。会议提倡自由奔放、随便思考、任意想象、尽量发挥，主意越新、越怪越好，因为它能启发人推导出好的观念。

⑦不强调个人的成绩，应以小组的整体利益为重，注意和理解别人的贡献，人人创造民主环境，不以多数人的意见阻碍个人新的观点的产生，激发个人追求更多更好的主意。

（5）会议实施步骤

会前准备：参与人、主持人和课题任务三落实，必要时可进行柔性训练。

设想开发：由主持人公布会议主题并介绍与主题相关的参考情况；突破思维惯性，大胆地进行联想；主持人控制好时间，力争在有限的时间内获得尽可能多的创意性设想。

设想的分类与整理：一般分为实用型和幻想型两类。前者是指目前技术工艺可以实现的设想，后者是指目前的技术工艺还不能完成的设想。

完善实用型设想：对实用型设想，再用脑力激荡法去进行论证、进行二次开发，进一步扩大设想的实现范围。

幻想型设想再开发：对幻想型设想，再用脑力激荡法进行开发，通过进一步开发，就有可能将创意的萌芽转化为成熟的实用型设想。这是脑力激荡法的一个关键步骤，也是该方法质量高低的明显标志。

（6）主持人技巧

主持人应懂得各种创造思维和技法，会前要向与会者重申会议应严守的原则和纪律，善于激发成员思考，使场面轻松活跃而又不失脑力激荡的规则。

可轮流发言，每轮每人简明扼要地说清楚一个创意设想，避免形成辩论会和发言不均。

要以赏识激励的词句语气和微笑点头的行为语言，鼓励与会者多出设想，如说：“对，就是这样！”“太棒了！”“好主意！这一点对开阔思路很有好处！”等等。禁止使用下面的话语：“这点别人已说过了！”“实际情况会怎样呢？”“请解释一下你的意思。”“就这一点有用”“我不赞赏那种观点。”等等。

经常强调设想的数量，比如平均 3 分钟内要发表 10 个设想；遇到人人皆才穷计短出现暂时停滞时，可采取一些措施，如休息几分钟，自选休息方法，散步、唱歌、喝水等，再进行几轮脑力激荡，或发给每人一张与问题无关的图画，要求讲出从图画中所获得的灵感。

根据课题和实际情况需要，引导大家掀起一次又一次脑力激荡的“激波”。如课题是某产品的进一步开发，可以从产品改进配方思考作为第一激波、从降低成本思考作为第二激波、从扩大销售思考作为第三激波等。又如，对某一问题解决方案的讨论，引导大家掀起“设想开发”的激波，及时抓住“拐点”，适时引导进入“设想论证”的激波。

要掌握好时间，会议持续 1 个小时左右，形成的设想应不少于 100 种。但最好的设想往往是会议要结束时才提出的，因此，预定结束的时间到了可以根据情况再延长 5 分钟，这是人们容易提出好的设想的时候。在 1 分钟时间里再没有新主意、新观点出现时，智力激励会议可宣布结束或告一段落（图 4-5、图 4-6）。

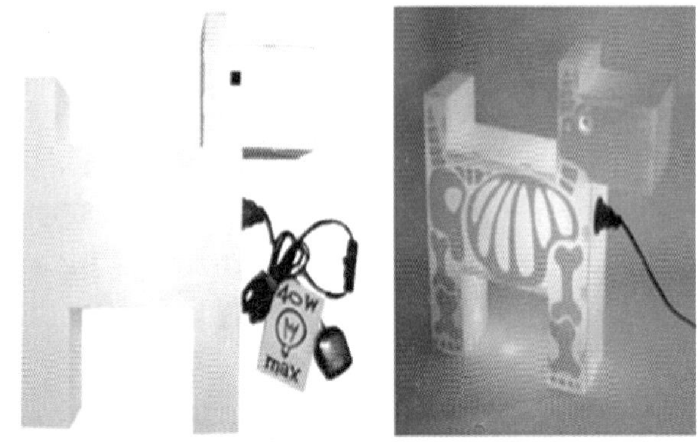

图 4-5

图 4-6

4.1.4 头脑风暴原则

头脑风暴法应遵守如下原则：

庭外判决原则。对各种意见、方案的评判必须放到最后阶段，此前不能对别人的意见提出批评和评价。认真对待任何一种设想，而不管其是否适当和可行。

欢迎各抒己见，自由鸣放。创造一种自由的气氛，激发参加者提出各种荒诞的想法。

追求数量。意见越多，产生好意见的可能性越大。

探索取长补短和改进的办法。除提出自己的意见外，鼓励参加者对他人已经提出的设想进行补充、改进和综合。

循环进行，每人每次只提一个建议，没有建议时说“过”，不要相互指责，要耐心，可以使用适当的幽默，鼓励创造性，结合并改进其他人的建议。

4.1.5 质疑头脑风暴阶段

在决策过程中，对上述直接头脑风暴法提出的系统化的方案和设想，还要经常采用质疑头脑风暴法进行质疑和完善。这是头脑风暴法中对设想或方案的现实可行性进行估价的一个专门程序。

在这一个程序中，第一个阶段就是要求参加者对每一个提出的设想都要提出质疑，并进行全面评论。评论的重点是研究有碍设想实现的所有限制性因素。在质疑过程中，可能产生一些可行的新设想。这些新设想，包括对已提出的设想无法实现的原因的论证，存在的限制因素，以及排除限制因素的建议。其结构通常是：“XX 设想是不可行的，因为……如要使其可行，必须……”

第二个阶段，是对每一组或每一个设想，编制一个评论意见一览表，以及可行设想一览表。质疑头脑风暴法应遵守的原则与直接头脑风暴法一样，只是禁止对已有的设想提出肯定意见，而鼓励提出批评和新的可行设想。在进行质疑头脑风暴法时，主持者应首先简明介绍所讨论问题的内容，扼要介绍各种系统化的设想和方案，以便把参加者的注意力集中于对所论问题进行全面的评价上。质疑过程一直进行到没有问题可以质疑为止，质疑中抽出的所有评价意见和可行设想，应专门记录下来。

第三个阶段，是对质疑过程中抽出的评价意见进行估价，以便形成一个对解决所讨论问题实际可行的最终设想一览表。对于评价意见的估价，与对所讨论设想的质疑一样重要。因为在质疑阶段，重点是研究有碍设想实施的所有限制因素，而这些限制因素即使在设想产生阶段也是放在重要的地位予以考虑的。

由分析组负责处理和分析质疑结果。分析组要吸收一些有能力对设想实施做出较准确判断的专家参加。如须在很短时间就重大问题做出决策时，吸收这些专家参加尤为重要。

4.2　集思法

由美国麻省理工学院教授威廉 · 戈登于 1944 年提出的一种利用外部事物启发思考、开发创造潜力的方法。与头脑风暴法完全一致，但加入了以关键词表达的创意相关元素，并以树状图形式的思维导图将集体讨论的结果更加直观地展现出来。优秀作业范例（图 4-7 至图 4-9）

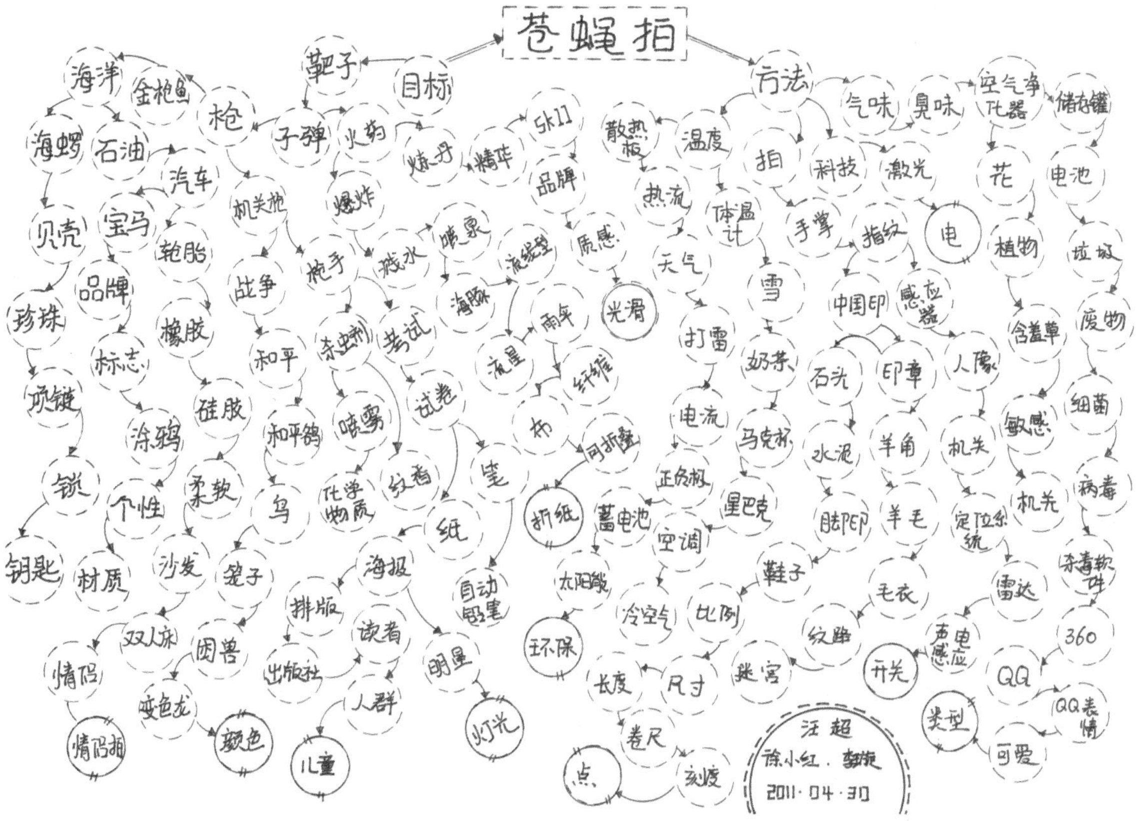

图 4-7

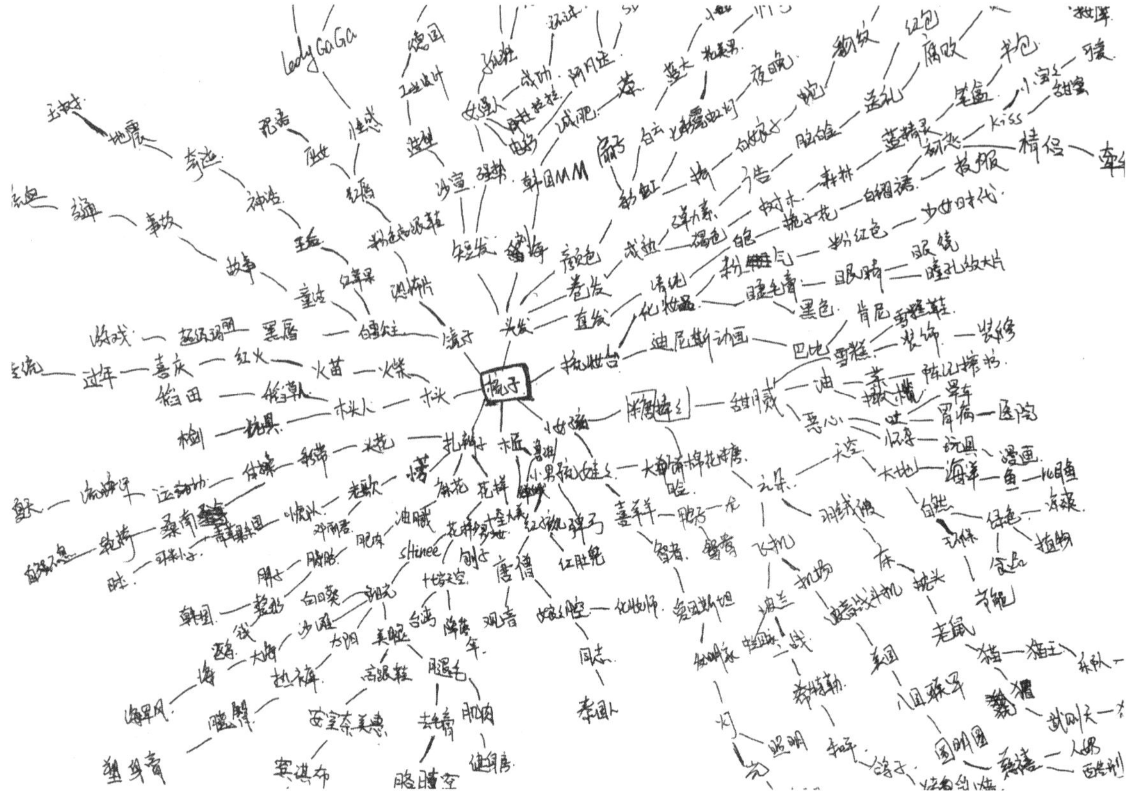
梳子
Lady GaGa
地震
故事
过年
喜庆
火苗
眼镜
天空
大地
海洋
飞机
老鼠

图 4-8

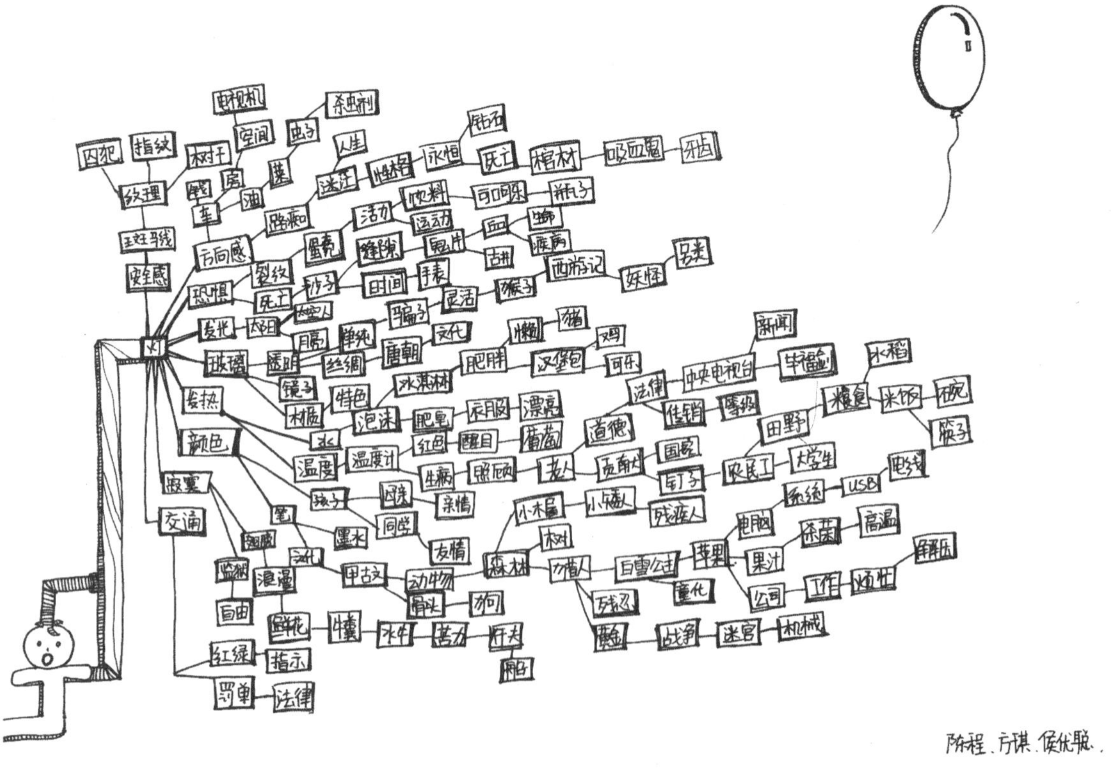
电视机
杀虫剂
囚犯
指纹
空间
虫子
人生
钻石
纹理
迷茫
性格
永恒
死亡
棺材
吸血鬼
车
油
可口可乐
瓶子
方向感
活力
运动
安全感
恐惧
时间
手表
生活
西游记
妖怪
火
玻璃
透明
丝绸
唐朝
文化
肥胖
汉堡包
新闻
中央电视台
水稻
法律
传销
粮食
米饭
碗
筷子
颜色
温度
温度计
道德
田野
农民工
大学生
交通
红绿
指示
罚单
法律
同学
友情
亲情
动物
森林
白雪公主
苹果
果汁
公司
工作
战争
迷宫
机械

图 4-9

4.3　缺点列举法

缺点列举法分析是通过会议的形式收集新的观点、新的方案、新的成果来分析的方法。这种方法的特点是从列举事物的缺点入手，找出现有事物的缺点和不足之处，然后再探讨解决问题的方法和措施。

这种分析方法一般分为如下两个阶段。

1. 列举缺点阶段

列举缺点阶段，即召开会议，启发大家找出分析对象的缺点。如探讨技术的改进问题，会议主持者应就以下几个问题启发大家：现在的设计有哪些不完善之处？寻找事物的缺点是很重要的一步。缺点找到了，就等于在解决问题的道路上走了一半，这就是缺点列举法的第一个阶段。

2. 探讨改进政策方案阶段

在这一个阶段，会议主持者应启发大家思考存在上述缺点的原因，然后根据原因找到解决的办法。会议结束后，应按照“缺点”“原因”“解决办法”和“新方案”等项列成简明的表格，以供下次设计使用，亦可从中选择最佳方案。

用缺点列举法进行创造发明的具体做法是：召开一次缺点列举会，会议由 5 — 10 个人参加，会前先选举出一个需要改良的设计，在会上发动与会者围绕这一个主题尽量列举各种缺点，愈多愈好，另请人将提出的缺点逐一编号，记在一张张小卡片上，然后从中挑选出主要的缺点，并围绕这些缺点制定出切实可行的改新方案。一次会议的时间大约在 1 — 2 个小时之内，会议讨论的主体宜小不宜大，即使是大的主题，也要分成若干个小题，分次解决，这样原有的缺点就不至于被遗漏。

缺点列举法多用于产品改良设计中，对于延长优秀设计的生命周期以及对不良的设计方案进行改良都有较高的效率。

4.4　希望点列举法

希望点列举法是由那不勒斯大学的克劳福特发明。这是一种不断地提出“希望”“怎么样才会更好”等等的理想和愿望，进而探求解决问题和改善对策的技法。此法是通过提出对该问题的事物的希望或理想，使问题和事物的本来目的聚合成焦点来加以考虑的技法。

希望人人皆有，“希望点”就是指创造性强且又科学、可行的希望。列举法，是指通过列举希望新的事物具有的属性以寻找新的发明目标的一种创造方法。

希望点列举法的实施主要有三个步骤：

(1) 激发和收集人们的希望。

(2) 仔细研究人们的希望，以形成“希望点”。

(3) 以“希望点”为依据，创造新产品以满足人们的希望。

用希望点列举法进行创造发明的具体做法是：召开希望点列举会议，每次可有 5 — 10 个人参加。

会前由会议主持人选择一件需要革新的事情或者事物作为主题，随后发动与会者围绕这一个主题列举出各种改革的希望点；为了激发与会者产生更多的改革希望，可将各人提出的希望用小卡片写出，公布在小黑板上，并在与会者之间传阅，这样可以在与会者中产生连锁反应。会议一般举行 1 — 2 个小时，产生 50 — 100 个希望点，即可结束。

会后再将提出的各种“希望”进行整理，从中选出目前可能实现的若干项进行研究，制定出具体的革新方案。

例如：有一家制笔公司用希望点列举发明法产生出一批改革钢笔的希望：希望钢笔出水顺利；希望绝对不漏水；希望一支笔可以写出两种以上的颜色；希望不沾污纸面；希望书写流利；希望能粗能细；希望小型化；希望笔尖不开裂；希望不用吸墨水；希望省去笔套；希望落地时不损坏笔尖等等。这家制笔公司从中选出“希望省去笔套”这一条，研制出一种像圆珠笔一样可以伸缩的钢笔，从而省去了笔套。

希望点列举法注意事项：

(1) 由列举希望点获得的发明目标与人们的需要相符，更能适应市场。

(2) 希望是由想象而产生的，思维的主动性强，自由度大，所以列举希望点所得到的发明目标含有较多的创造成分。

(3) 列举希望时一定要注意打破定式。

(4) 对于希望点列举法用得到的一些“荒唐”意见，应用创造学的观点进行评价，不要轻易放弃。

(5) 举例法与列举法不同。

希望点列举法在产品设计中多用于全新产品的开发设计。例如：任天堂的 WII 体感游戏机。日本任天堂在 2006 年 11 月 19 日首次在日本地区发售了 WII 家用游戏机，它的游戏方式完全突破了原有手柄按键操控的方式，而是分别使用左手和右手两支控制器通过移动和模拟真实动作来操作游戏。WII 的出现引领了体感游戏这个最新概念的风靡，它能够边运动边游戏的特色拥有特别的乐趣，老少皆宜。

4.5 “5W2H 分析法”

5W2H 分析法又叫作七何分析法，是“二战”中美国陆军兵器修理部首创。简单、方便，易于理解、使用，富有启发意义，广泛用于企业管理和产品设计，对于设计前期的设计定位非常有帮助，也有助于弥补考虑问题的疏漏。

用五个以 W 开头的英语单词和两个以 H 开头的英语单词进行设问，发现解决问题的线索，寻找设计思路，进行设计构思，从而创造出新的发明项目，这就叫作 5W2H 法。

（1） WHAT——是什么？目的是什么？做什么工作？

（2） WHO——谁？由谁来承担？谁来完成？谁负责？

（3） WHY——为什么？为什么要这么做？理由何在？原因是什么？造成这样的结果为什么？

（4） WHEN——何时？什么时间完成？什么时机最适宜？

（5） WHERE——何处？在哪里做？从哪里入手？

（6） HOW ——怎么做？如何提高效率？如何实施？方法怎样？

（7） HOW MUCH——多少？做到什么程度？数量如何？质量水平如何？费用产出如何？

提出疑问后发现问题和解决问题是极其重要的。创造力高的人，都具有善于提问题的能力，众所周知，提出一个好的问题，就意味着问题解决了一半。提问题的技巧高，可以发挥人的想象力。相反，有些问题提出来，反而挫伤我们的想象力。设计者在设计新产品时，常常提出：为什么（Why）；做什么（What）；何人做（Who）；何时（When）；何地（Where）；如何（How ）；多少（How much）。这就构成了 5W2H 法的总框架。如果提出的问题中常有“假如……”“如果……”“是否……”这样的虚构，就是一种设问，设问需要更高的想象力。

在设计中，对问题不敏感、看不出毛病是与平时不善于提问有密切关系的。对一个问题追根刨底，有可能发现新的知识和新的疑问。所以从根本上说，学会设计首先要学会提问，善于提问。阻碍提问的因素，一是怕提问多，被别人看成什么也不懂的傻瓜；二是随着年龄和知识的增长，提问欲望渐渐淡薄。如果提问得不到答复和鼓励，反而遭人讥讽，结果在人的潜意识中就形成了这种看法：好提问、好挑毛病的人是扰乱别人的讨厌鬼，最好紧闭嘴唇，不看、不闻、不问，但是这种看法恰恰阻碍了人的创造性的发挥。

这种方法的优势在于：

(1) 可以准确界定、清晰表述问题，提高工作效率。

(2) 有效掌控事件的本质，完全地抓住了事件的主骨架，把事件打回原形思考。

(3) 简单、方便，易于理解、使用，富有启发意义。

(4) 有助于思路的条理化，杜绝盲目性。有助于全面思考问题，从而避免在流程设计中遗漏项目。

优秀作业范例（图 4-10）

图 4-10

4.6　奥斯本检核表法

检核表法是针对某种特定要求制定的检核表，主要用于新产品的研制开发。奥斯本检核表法是指以该技法的发明者奥斯本命名，引导主体在创造过程中对照 9 个方面的问题进行思考，以便启迪思路、开拓思维想象的空间，促进人们产生新设想、新方案的方法。9 个大问题为：有无其他用途、能否借用、能否扩大、能否缩小、能否改变、能否替代、能否重新调整、能否颠倒、能否组合。

奥斯本检核表法是一种产生创意的方法。在众多的创造技法中，这种方法是一种效果比较理想的技法。由于它突出的效果，被誉为创造之母。人们运用这种方法，产生了很多杰出的创意，以及大量的发明创造。

奥斯本检核表法的核心是改进，或者说，关键词是：改进！通过变化来改进。其基本做法是：首先选定一个要改进的产品或方案；然后面对一个需要改进的产品或方案，或者面对一个问题，从下列角度提出一系列的问题，并由此产生大量的思路；其次，根据第二步提出的思路，进行筛选和进一步思考、完善。利用奥斯本检核表法，可以产生大量的原始思路和原始创意，它对人们的发散思维，有很大的启发作用。当然运用此方法时，还要注意几个问题，它还要和具体的知识经验相结合。奥斯本只是提示了思考的一般角度和思路，思路的发展还要依赖人们的具体思考。运用此方法，还要结合改进对象（方案或产品）来进行思考；还可以自行设计大量的问题来提问，提出的问题越新颖，得到的主意越有创意。

奥斯本检核表法的优点很突出，它使思考问题的角度具体化了。它也有缺点，就是它是改进型的创意产生方法，你必须先选定一个有待改进的对象，然后在此基础上设法加以改进。它不是原创型的，但有时候，也能够产生原创型的创意。比如，把一个产品的原理引入另一个领域，就可能产生原创型的创意。奥斯本的检核表法属于横向思维，以直观、直接地方式激发思维活动，操作十分方便，效果也相当好。下述

9 组问题对于任何领域创造性地解决问题都是适用的，这 75 个问题不是奥斯本凭空想象的，而是他在研究和总结大量近，现代科学发现、发明、创造事例的基础上归纳出来的。应用奥斯本检核表是一种强制性思考的过程，有利于突破不愿提问的心理障碍。很多时候，善于提问本身就是一种创造。

表 4-1 奥斯本检核表法

检核项目	含 义
1. 能否他用	1. 有无新的用途？ 2. 是否有新的使用方法？ 3. 可否改变现有的使用方法？
2. 能否借用	4. 有无类似的东西？ 5. 利用类比能否产生新观念？ 6. 过去有无类似的问题？ 7. 可否模仿？ 8. 能否超过？
3. 能否扩大	9. 可否增加些什么？ 10. 可否附加些什么？ 11. 可否增加使用时间？ 12. 可否增加频率？ 13. 可否增加尺寸？ 14. 可否增加强度？ 15. 可否提高性能？ 16. 可否增加新成分？ 17. 可否加倍？ 18. 可否扩大若干倍？ 19. 可否放大？ 20. 可否夸大？
4. 能否缩小	21. 可否减少些什么？ 22. 可否密集？ 23. 可否压缩？ 24. 可否浓缩？ 25. 可否聚合？ 26. 可否微型化？ 27. 可否缩短？ 28. 可否变窄？ 29. 可否去掉？ 30. 可否分割？ 31. 可否减轻？ 32. 可否变成流线型？
5. 能否改变	33. 可否改变功能？ 34. 可否改变颜色？ 35. 可否改变形状？ 36. 可否改变运动？ 37. 可否改变气味？ 38. 可否改变音响？ 39. 可否改变外形？ 40. 是否还有其他改变的可能性？
6. 能否替代	41. 可否代替？ 42. 用什么代替？ 43. 还有什么别的排列？ 44. 还有什么别的成分？ 45. 还有什么别的材料？ 46. 还有什么别的过程？ 47. 还有什么别的能源？ 48. 还有什么别的颜色？ 49. 还有什么别的音响？ 50. 还有什么别的照明？
7. 能否调整	51. 可否变换？ 52. 有无可互换的成分？ 53. 可否变换模式？ 54. 可否变换布置顺序？ 55. 可否变换操作工序？ 56. 可否变换因果关系？ 57. 可否变换速度或频率？ 58. 可否变换工作规范？
8. 能否颠倒	59. 可否颠倒？ 60 . 可否颠倒正负？ 61. 可否颠倒正反？ 62. 可否头尾颠倒？ 63 . 可否上下颠倒？ 64. 可否颠倒位置？ 65. 可否颠倒作用？
9. 能否组合	66. 可否重新组合？ 67 . 可否尝试混合？ 68 . 可否尝试合成？ 69. 可否尝试配合？ 70 . 可否尝试协调？ 71 . 可否尝试配套？ 72. 可否把物体组合？ 73 . 可否把目的组合？ 74. 可否把特性组合？ 75. 可否把观念组合？

练习：

1. 在分组集体激智的基础上提出自己关于冰格或茶包设计的创意想法。

要求：提出尽可能多的想法。

尺寸：用 A4 纸绘出。

方式：图形表现，手绘文字说明。

优秀作业范例（图 4-11 至图 4-18）

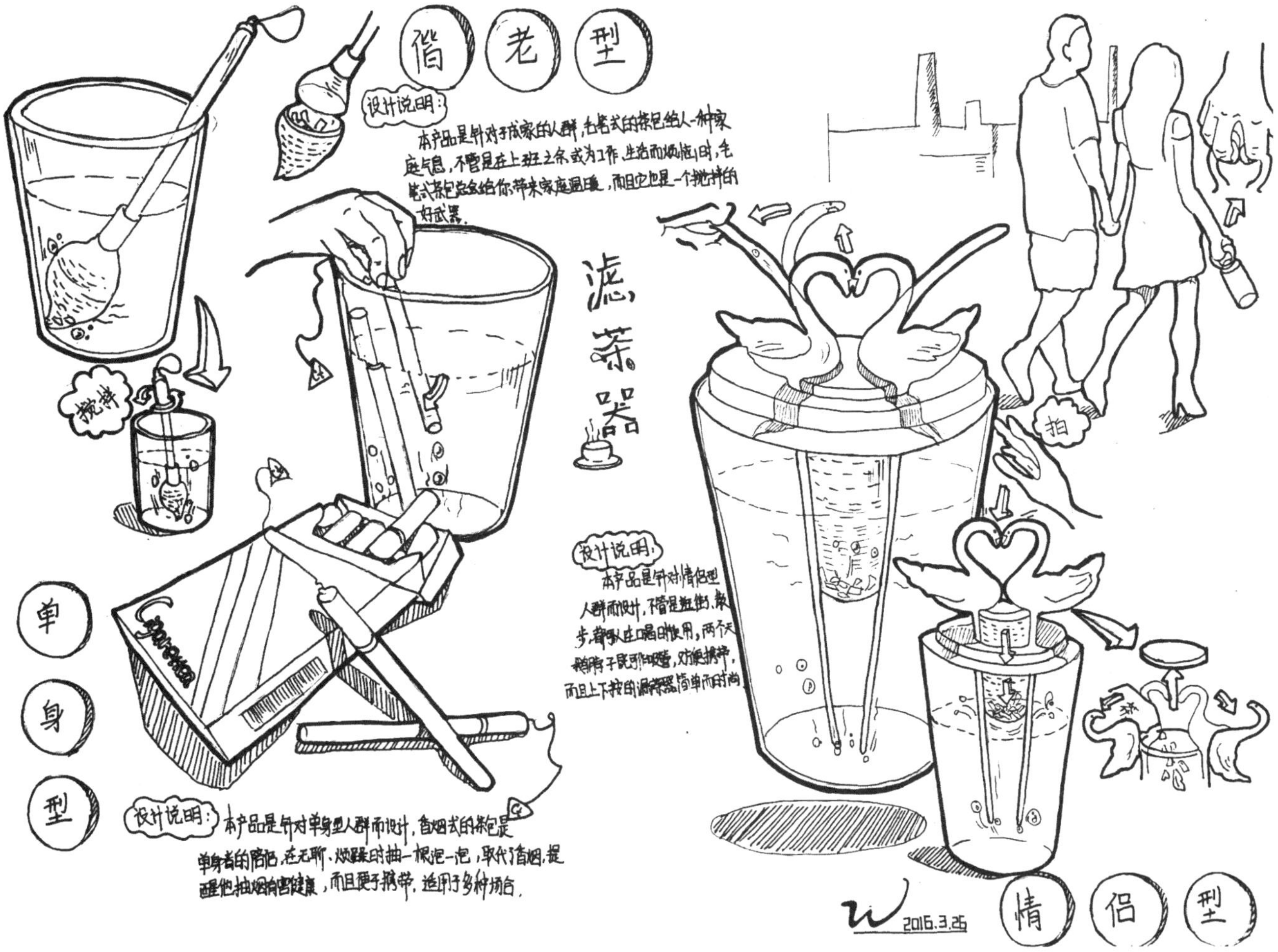

图 4-11

[1] 光
会不会在黑暗里找不到水杯而烦恼，这款茶杯通过开水的热能使灯泡发亮，可以在寝室吹灯以后让你快速的找到水杯的位置。
时间：暗夜里的神器。
人群：在黑暗里找水喝的人。
[2] 弹簧
和我们用的圆珠笔的原理相同，方便携带，在须要喝茶的时候，按压上方的开关即可，当你感觉茶泡好的时候，再轻轻一按便可收起来。
时间：工作或上班时间
人群：白领和普通上班族
[3] 鳄鱼
从鳄鱼嘴巴的开关用来装茶叶，可以把鳄鱼的尾巴挂在水杯的边缘来增加喝水的趣味性。
时间：悠闲的下午茶时光
人群：18-25岁青年人
unique
2016.3.27

图 4-12

这个短裤的灵感来自海上遇险的人，为自救脱下短裤让它顺水飘向岸边，让人发觉有人遇险。
滤口设计成了短裤上的花纹，上面的盖子可以整个打开，方便清洗。整体造形可爱、风趣，意韵悠长。
（适合趣味性强的青少年）
底座盖子
滤口设计
这个灵感来自白娘子水淹雷锋塔的灵感。构形简单，且塔尖较高，便于滤茶器的取出且不脏手。
（适合怀旧的人群）
3.27
猫咪滤茶器的造形较抽象，长长的尾巴可以勾在杯子边缘。当你在一点点地喝水时，猫咪会一点点地露出它的头和身体。增加喝水的趣味性。
（适合小资阶级、少女心的人群）

图 4−13

鸡蛋冰格
用手捏鸡脖子，可以带动鸡肚子里的两条连在模具上的绳子，模具便可打开，再捏一下鸡肚子，鸡蛋冰块便会被挤出来，形成了母鸡下蛋的有趣形象。
麻将！
中国男女老少的最爱，相信麻将形状的冰格会受到大家的欢迎！
ice cube
城堡冰格，就像童话故事中的水下城堡一样非常的梦幻，
ka.ka.
2016.3.27

图4 14

①
母鸡肚后有装水装置.
旋转!
模仿母鸡下蛋这一现象.具有趣味性,针对大部分年青人而设计让他们感受到其中的乐趣.
MAMA
内部有暗箱.旋转置动杆即可出来冰块
ice cube
②
以韩国古典"元晓大师的骷髅汤"故事为背景,设计此款产品的目的在于希望能够在喝水,喝饮料的日常生活中得到一些意义和趣味.
骷髅头冰格模具
2016.3.27

图 4-15

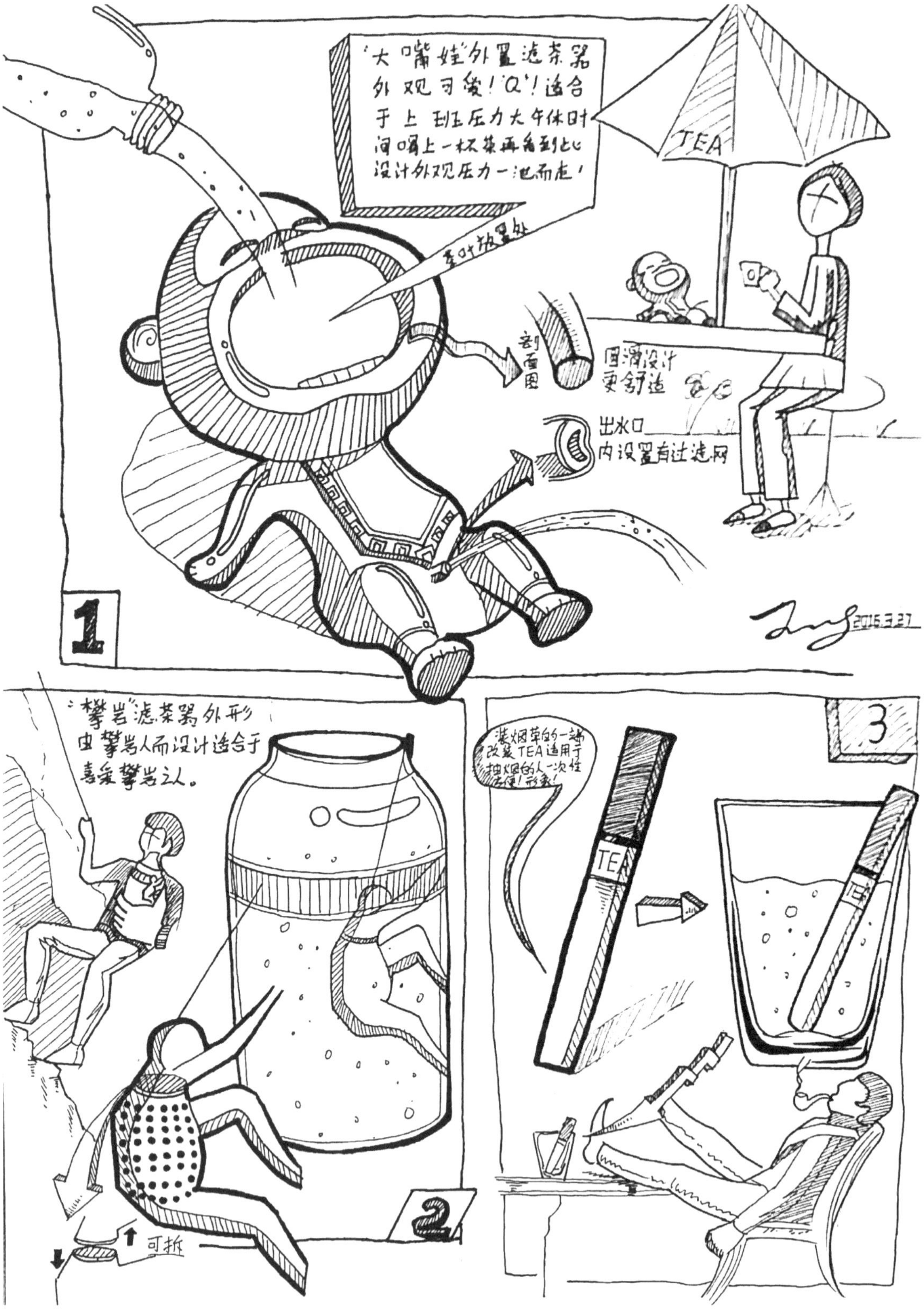

'大嘴娃'外置滤茶器外观可爱!'Q'!适合于上班压力大午休时间喝上一杯茶再看到此设计外观压力一泄而走!
茶叶放置处
TEA
剖面图
圆滑设计更舒适
出水口内设置有过滤网
1
2015.3.27
"攀岩"滤茶器外形由攀岩人而设计适合于喜爱攀岩之人。
可拆
2
改装TEA适用于抽烟的人一次性
3
TEA

图 4-16

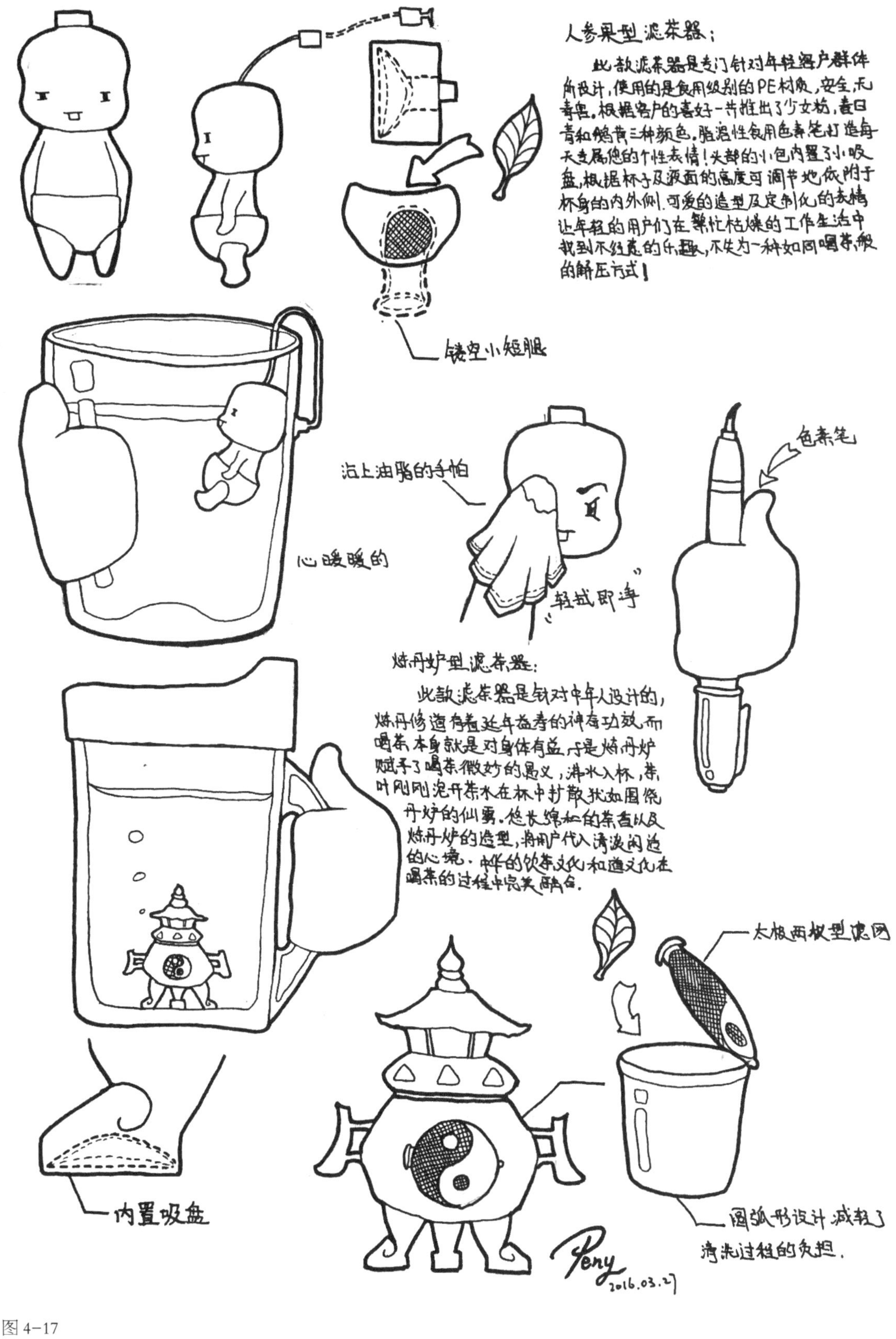
人参果型滤茶器：
此款滤茶器是专门针对年轻客户群体所设计，使用的是食用级别的PE材质，安全，无毒害。根据客户的喜好一共推出了少女粉，春日青和鹅黄三种颜色。脂溶性食用色素笔打造每天专属您的个性表情！头部的小包内置了小吸盘，根据杯子及液面的高度可调节地依附于杯身的内外侧。可爱的造型及定制化的表情让年轻的用户们在繁忙枯燥的工作生活中找到不经意的乐趣，不失为一种如同喝茶般的解压方式！
镂空小短腿
沾上油脂的手帕
色素笔
心暖暖的
轻拭即净
炼丹炉型滤茶器：
此款滤茶器是针对中年人设计的，炼丹修道有着延年益寿的神奇功效，而喝茶本身就是对身体有益，于是炼丹炉赋予了喝茶微妙的寓义，沸水入杯，茶叶刚刚泡开茶水在杯中扩散犹如围绕丹炉的仙雾。悠长绵和的茶香以及炼丹炉的造型，将用户代入清淡闲适的心境，中华的饮茶文化和道文化在喝茶的过程中完美融合。
太极两仪型滤网
内置吸盘
圆弧形设计减轻了清洗过程的负担。
2016.03.27

图 4-17

设计说明：本产品是针对一些年轻人群，俄罗斯套娃几乎是所有人童年的回忆，不管是工作还是闲暇时，这样童趣的滤茶器都能令人心情愉悦！
设计说明：本产品适用于男性，火山式的造型给人一种新鲜感，而将茶叶放入其中，其茶色的浸出犹如火山爆发的场景，随时都可以用。
滤茶器
设计说明：本产品适用于儿童，而猴子捞月的故事更是每位小朋友耳熟能详的，我把"月亮"的造型用作滤茶器，可以让孩子解决喝水问题
2016.3.27

图4-18

2. 在分组集体激智的基础上提出自己在日常生活和学习中所感受或观察到的不便之处。

要求：提出尽可能多的想法。

尺寸：用 A4 纸绘出。

方式：图形表现，手绘文字说明。

优秀作业范例（图 4-19 至图 4-35）

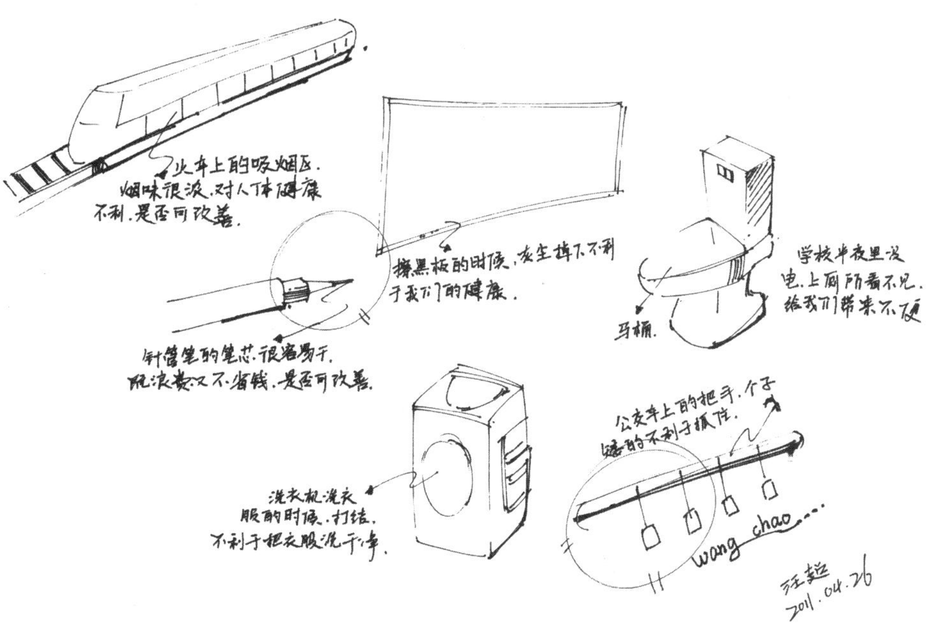

图 4-19

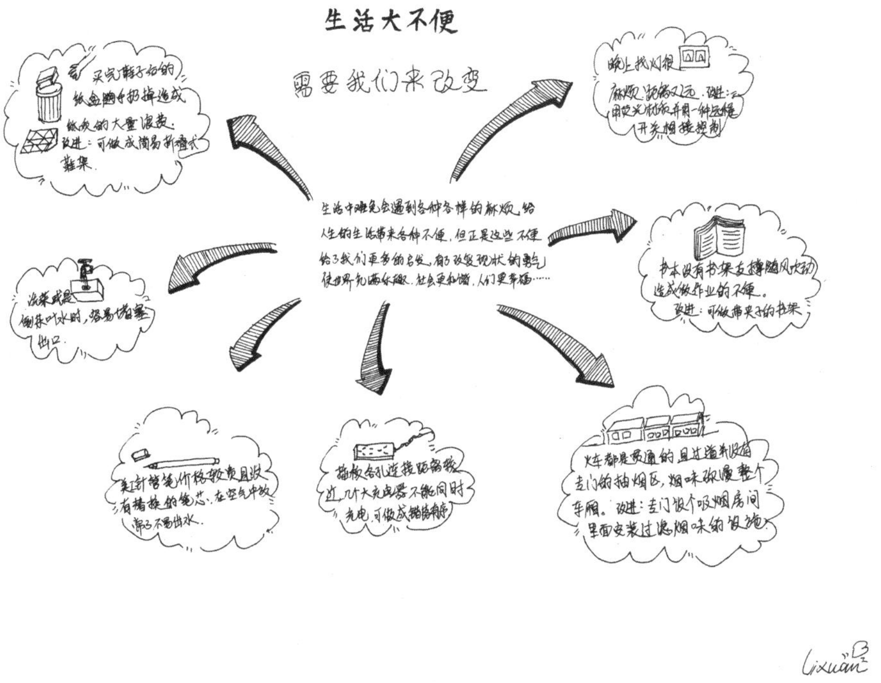

图 4-20

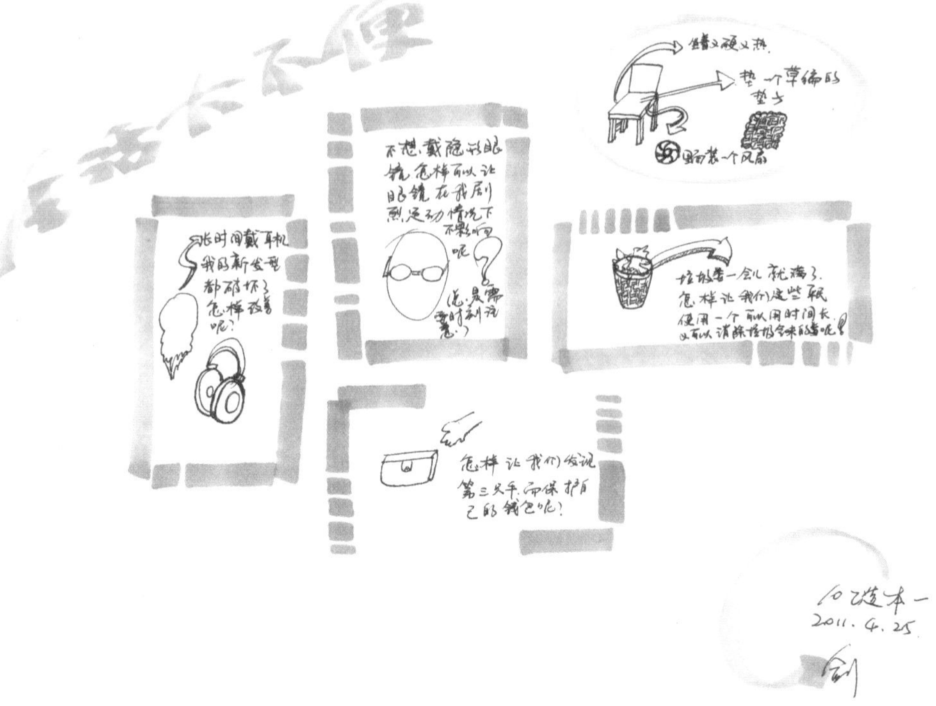
长时间戴耳机 我的新发型 都破坏了 怎样改善 呢?
不想戴隐形眼镜 怎样可以让 眼镜在我剧 烈运动情况下 不影响 呢
垫一个草编的 垫子
装一个风扇
垃圾袋一会儿就满了, 怎样让我们这些既 使用一个可以用时间长 又可以消除垃圾气味的袋呢?
怎样让我们发现 第三只手,而保护自己的钱包呢!
2011.4.25

图 4-21

生活大不便
生活中总有许多的不方便, 都要靠我们一一去解决. 下面去列举几个……
1.
风一吹,衣服全贴在 一起,怎么办呢?
凹槽晾 衣杆
2.
上下铺的梯子 踩的脚疼
改良型 梯子 踩着舒 服多了.
高跟鞋是女生 的最爱,可是若是 穿着走几小时,那 可有够累的…
伸缩式高跟鞋.
夏天坐 在椅子上 坐的屁股疼, 垫坐垫又热
马桶圈式坐垫 夏天专用
化妆棉一张张 拿出来很麻烦
抽取式
2011.4.25

图 4-22

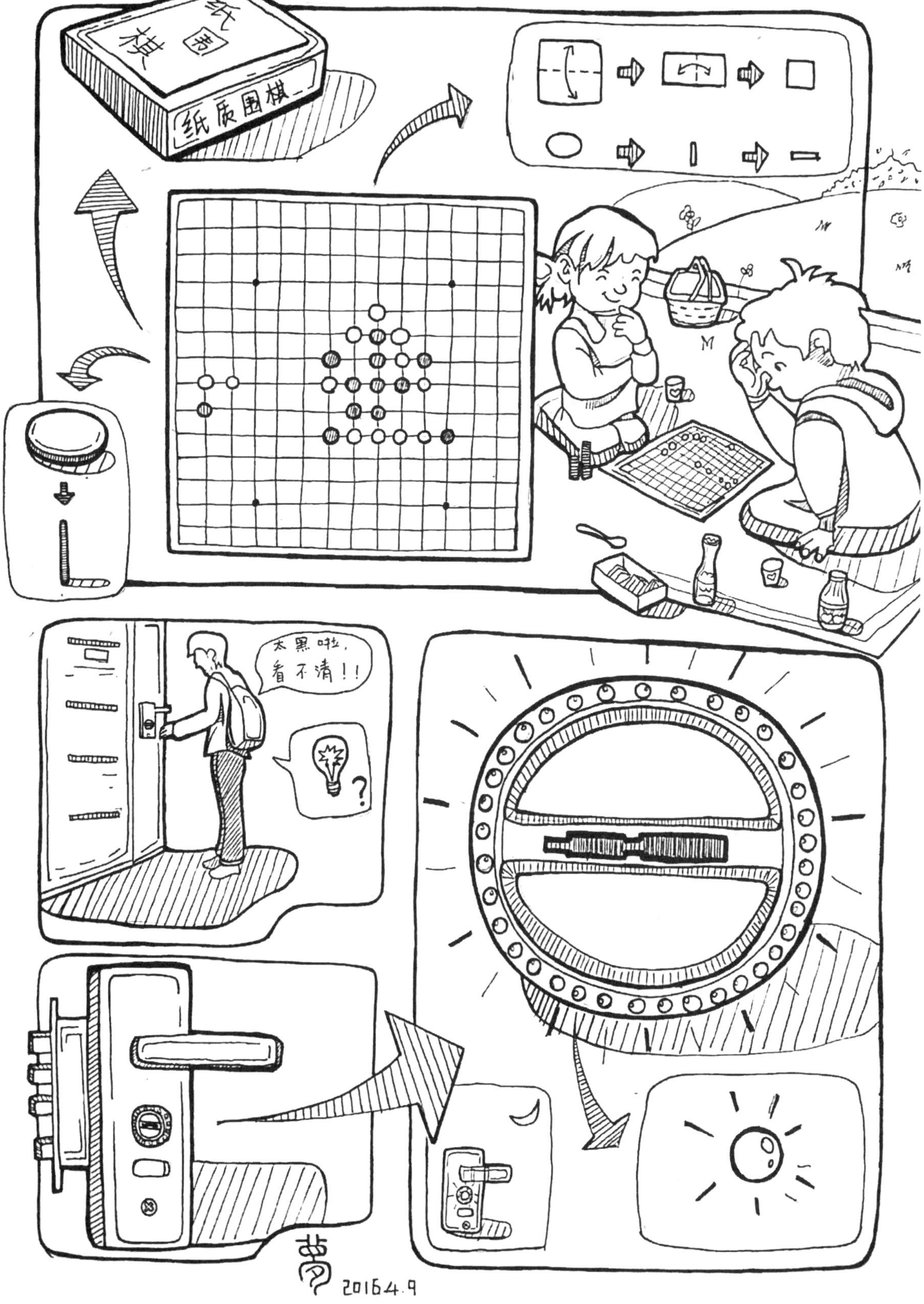

图 4-23

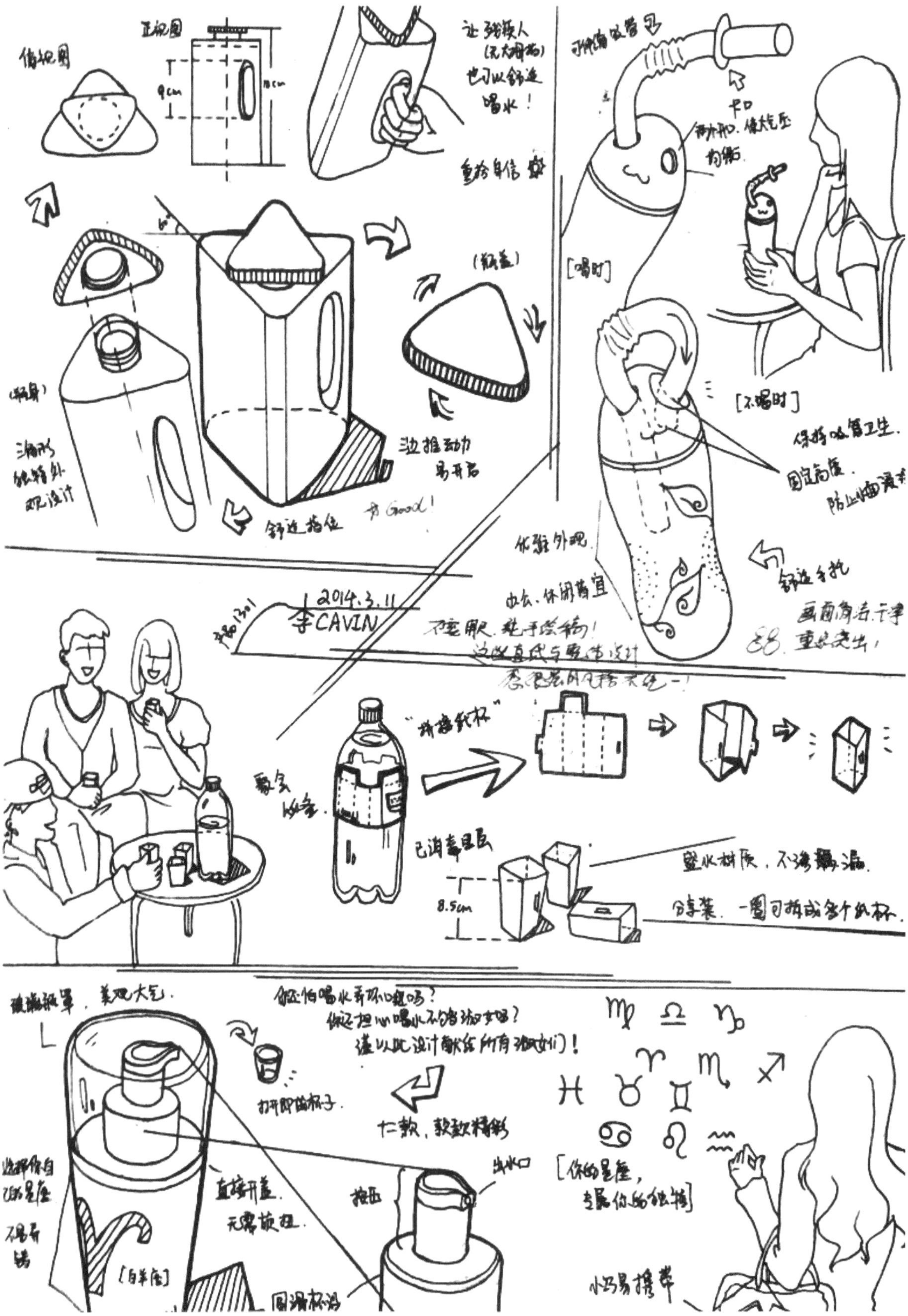
正视图
俯视图
9cm
10cm
边推动力
易开启
舒适握住
Good!
[喝时]
[不喝时]
保持吸管卫生
固定角度
舒适手执
2014.3.11
李CAVIN
拼接纸杯
8.5cm
打开即为杯子
出水口
按压
直接开盖
无需旋扭
[你的星座，
专属你的独特]
[白羊座]
小巧易携带

图 4-24

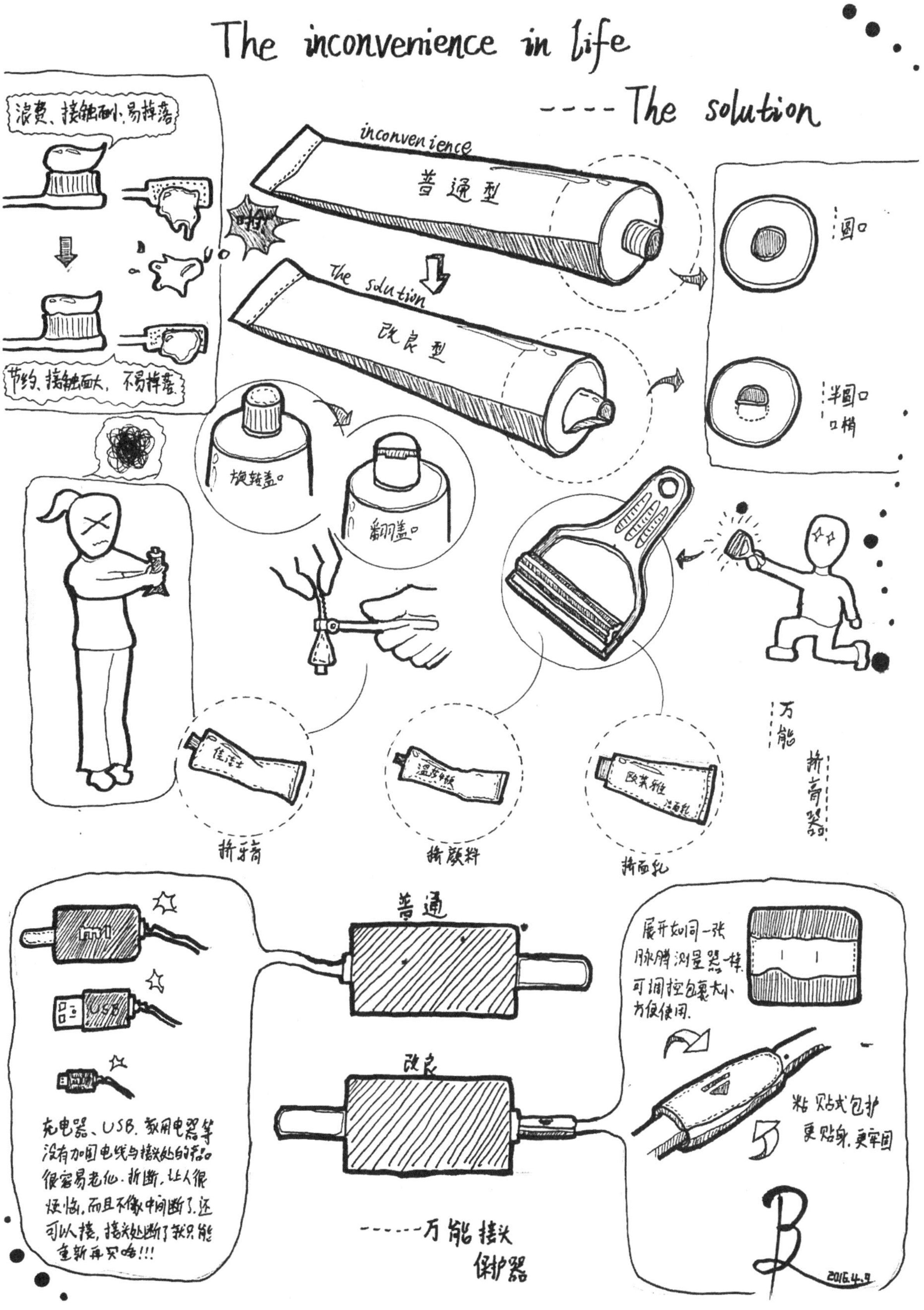
The inconvenience in life
----The solution
浪费、接触面小,易掉落
节约、接触面大,不易掉落
inconvenience
普通型
The solution
改良型
圆口
半圆口
旋转盖口
翻盖口
万能挤膏器
挤牙膏
挤颜料
挤面乳
普通
改良
展开如同一张脉搏测量器一样,可调控包裹大小,方便使用
粘贴式包护 更贴身,更牢固
充电器、USB、家用电器等没有加固电线与接头处的装置很容易老化、折断,让人很烦恼。而且不像中间断了还可以接,接头处断了我只能重新再买咯!!!
------万能接头保护器
2016.4.9

图 4-25

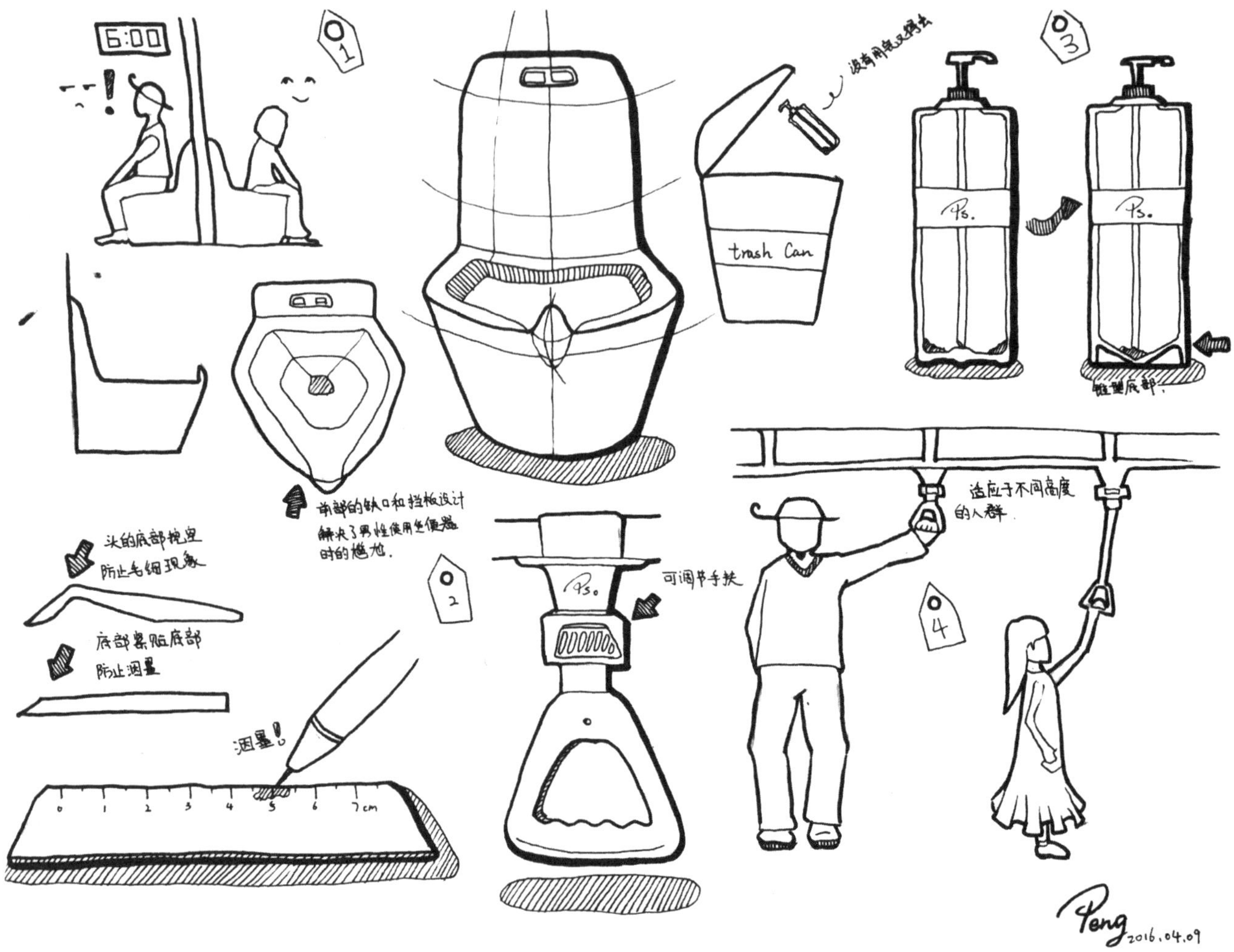
6:00
前部的缺口和挡板设计
解决了男性使用坐便器
时的尴尬.
trash Can
Ps.
适应于不同高度
的人群
头的底部挖空
防止毛细现象
底部紧贴底部
防止洇墨
可调节手扶
洇墨!
7cm
Peng 2016.04.09

图 4-26

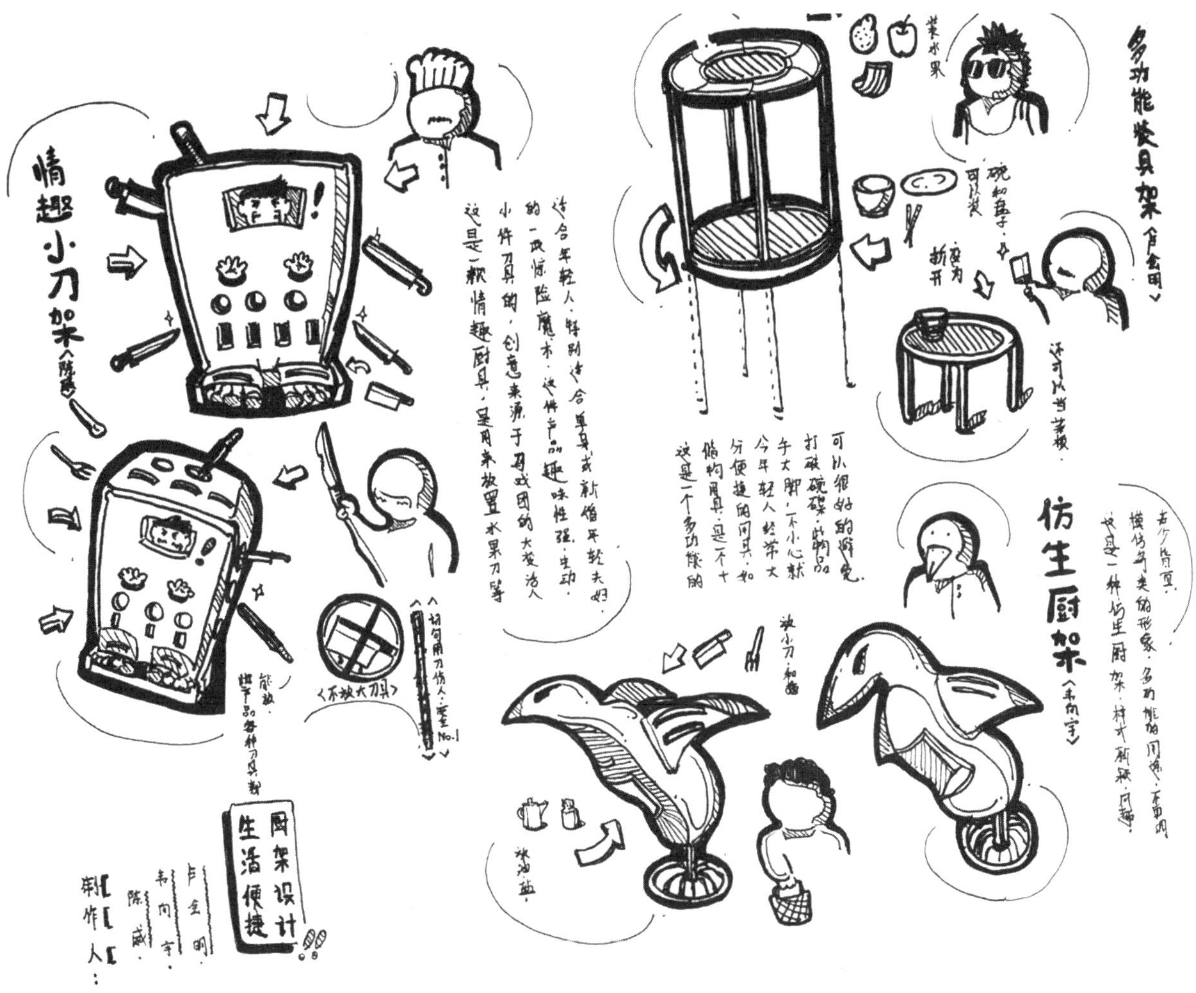

图 4-27

图 4-28

Expand
Compress.
Folded up.
cloth in the
umbrella.
Transparent
plastic.
弹簧
弹簧固定板
收缩
拉伸
Durabilities
of the spring.
4.10
Easily injured.
The strong
wind weather.
Can't open the
door !!!
门把扣不上了!
压扁了
肿么办
Squashed

图 4-29

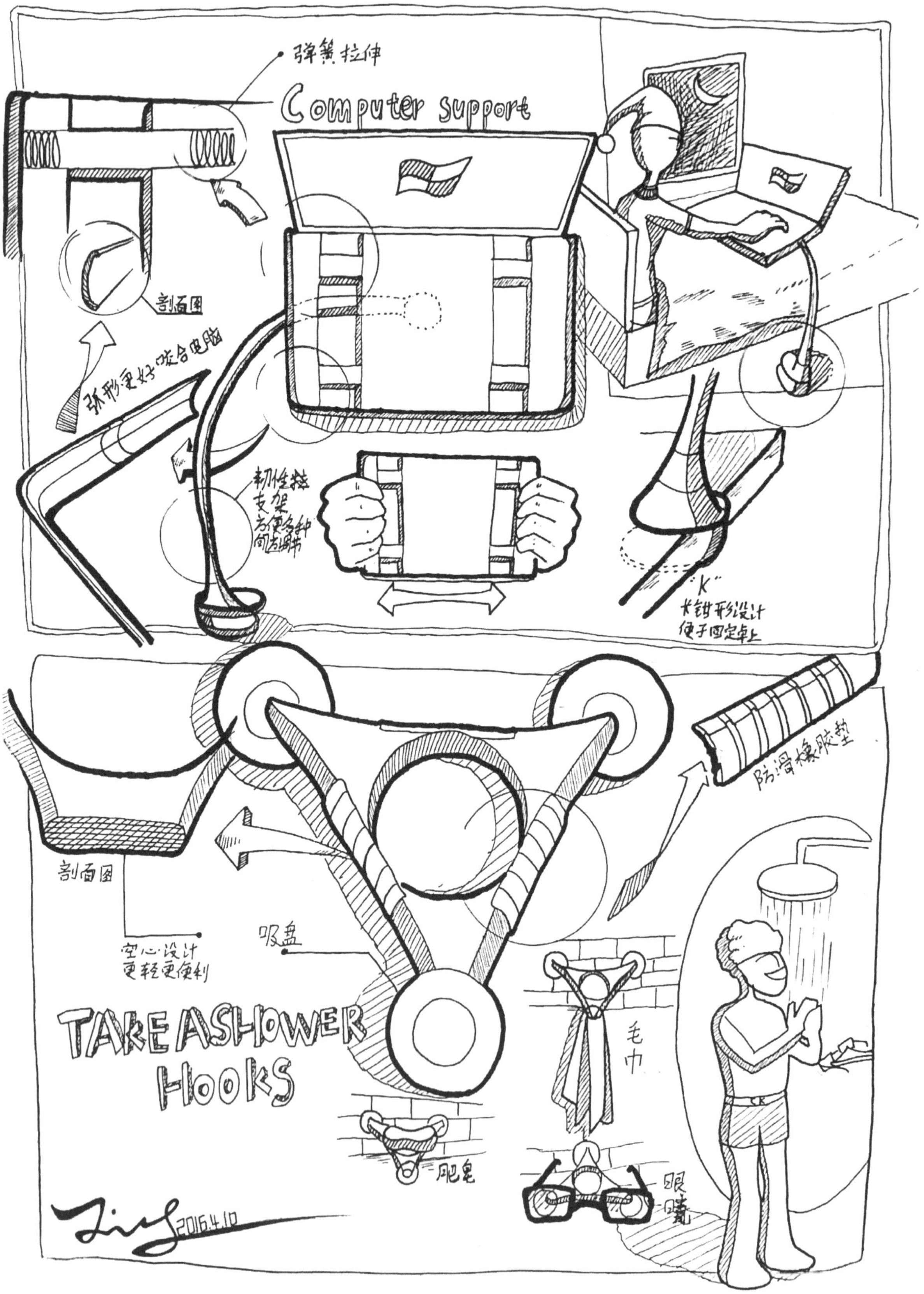
弹簧拉伸
Computer support
剖面图
环形更好咬合电脑
韧性材
支架
方便各种
角度调节
"K"
K钳形设计
使于固定桌上
防滑橡胶垫
剖面图
空心设计
更轻更便利
吸盘
TAKE A SHOWER
HOOKS
毛巾
肥皂
眼镜
2016.4.10

图 4-30

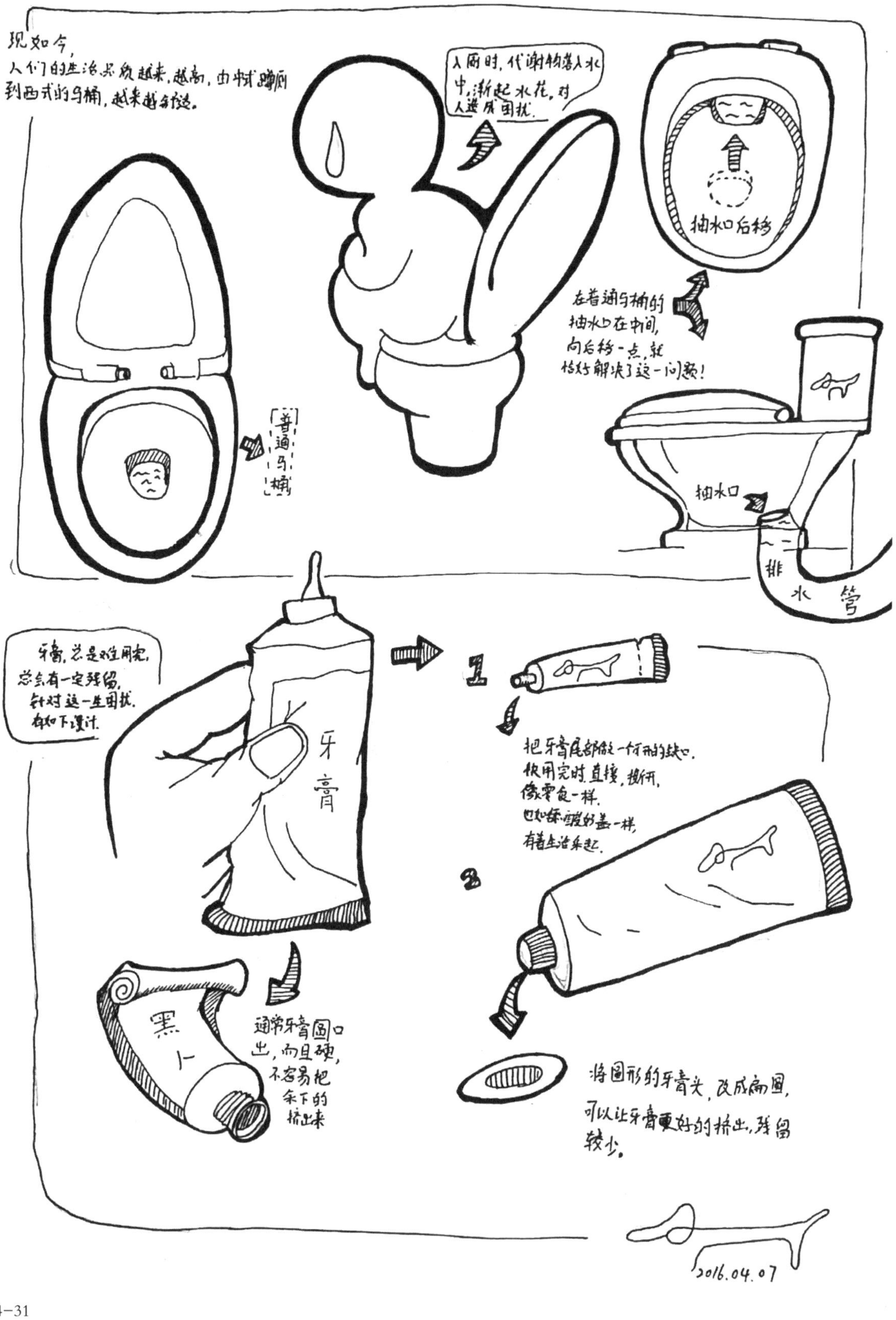
现如今，
人们的生活水平越来越高，由中式蹲厕到西式的马桶，越来越舒适。
入厕时，代谢物落入水中，溅起水花，对人造成困扰。
抽水口后移
在普通马桶的抽水口在中间，向后移一点，就恰好解决了这一问题！
普通马桶
抽水口
排水管
牙膏，总是难用完，总会有一定残留，针对这一生活困扰，有如下设计。
牙膏
1
把牙膏尾部做一个开的缺口，快用完时直接撕开，像零食一样，也如撕酸奶盖一样，有着生活乐趣。
2
黑人
通常牙膏圆口出，而且硬，不容易把余下的挤出来
将圆形的牙膏头，改成扁圆，可以让牙膏更好的挤出，残留较少。
2016.04.07

图 4-31

雨天下车不便
who：雨天赶着上班以及上学的工作人.
what：因公车人多，雨天下车撑伞会严重耽误时间，还会引起交通不便，另外路面积雨会使人们不便跑到躲雨的位置!
681
找不到东西
who：丢三落四，生活环境复杂，记忆力不太好，生活较为忙碌的人群。
what：家里大，东西杂乱，时而找不到物品，无法准时接送孩子放学。
产品1402 2015.4.28

图 4–32

The NutrAcker
Milon. H
设计说明

图 4-33

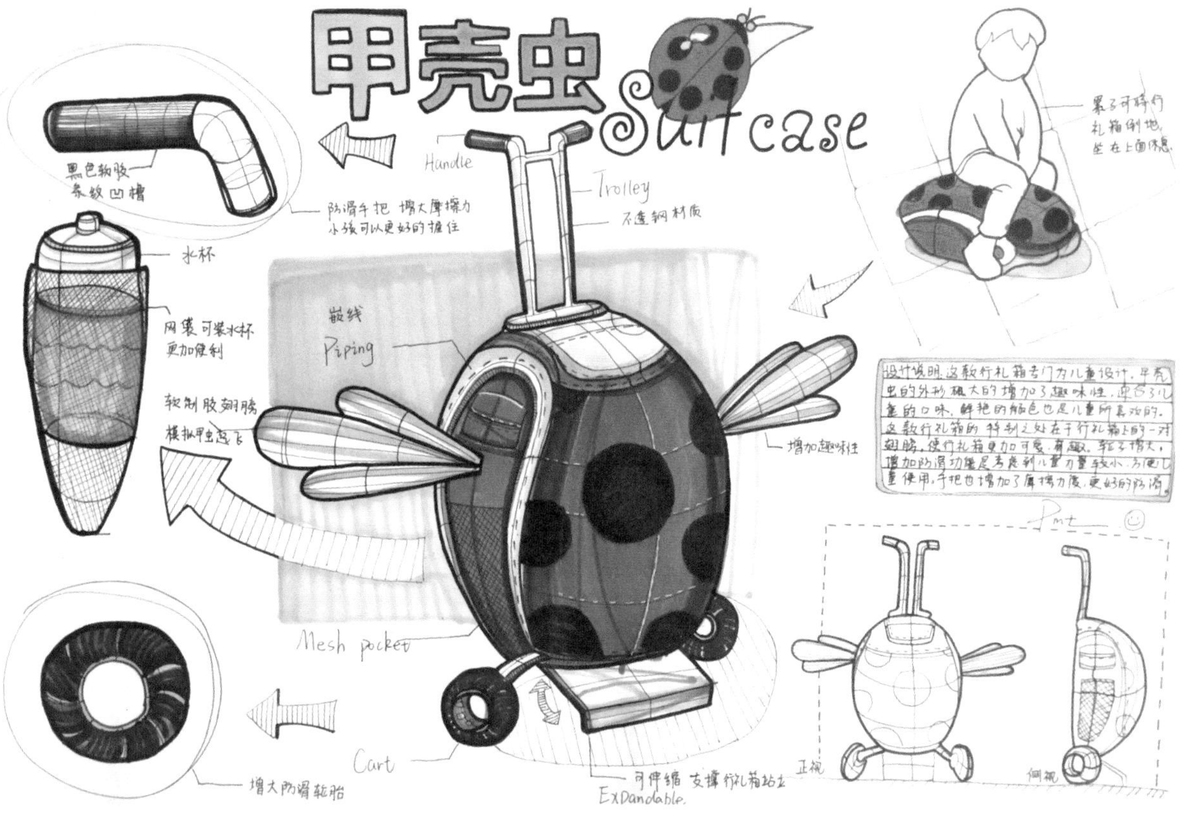
甲壳虫
Suitcase
Handle
Trolley
不锈钢材质
黑色釉胶
条纹凹槽
防滑手把 增大摩擦力
小孩可以更好的握住
水杯
网袋可装水杯
更加便利
嵌线
Piping
软制胶翅膀
模拟甲虫飞
增加趣味性
Mesh pocket
Cart
可伸缩 支撑行礼箱站立
Expandable
增大防滑轮胎
正视
侧视

图 4-34

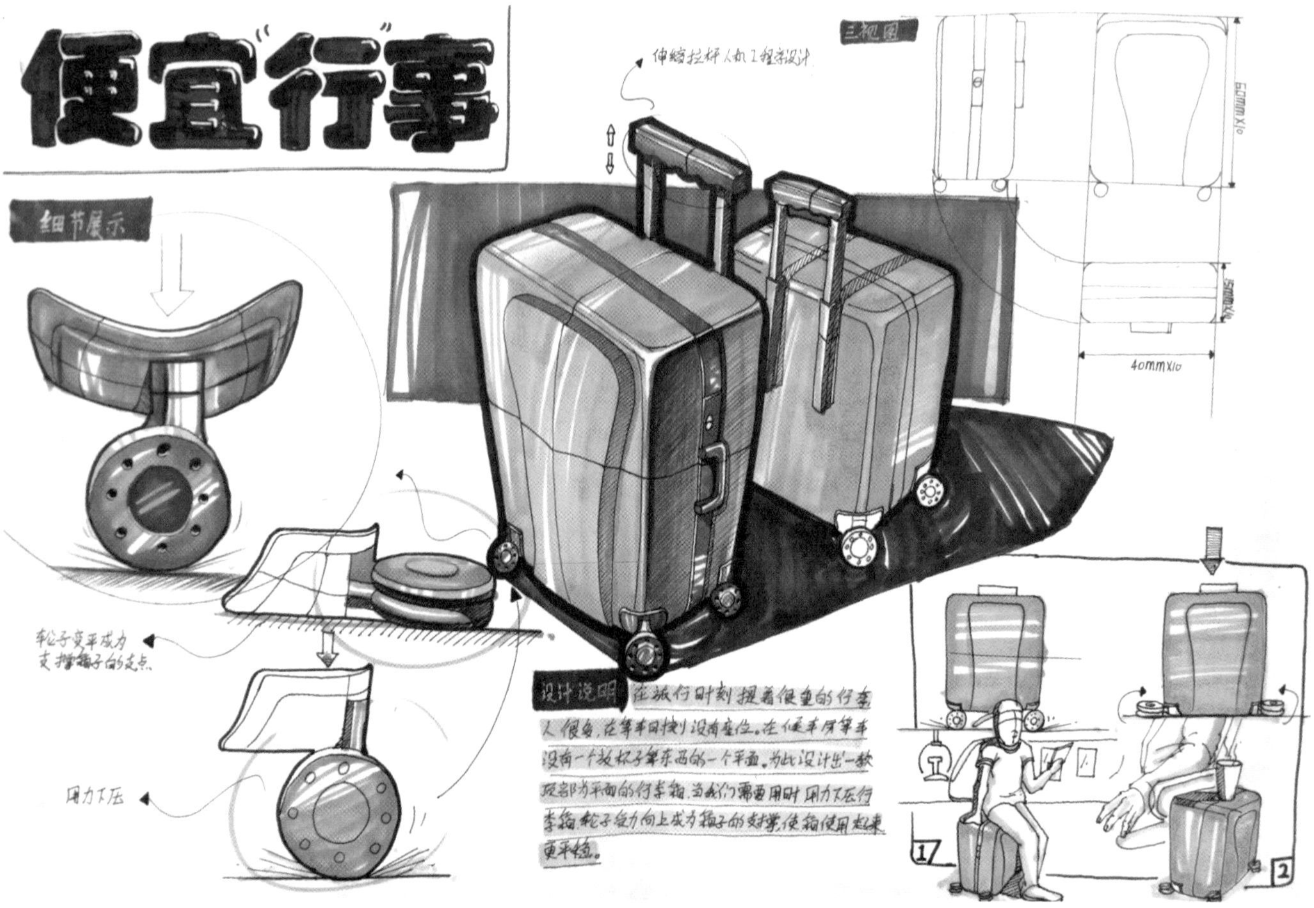
便宜"行"事
细节展示
伸缩拉杆人机工程学设计
三视图
40mmX10
轮子变平成为支撑箱子的支点。
用力下压
设计说明
在旅行时刻提着很重的行李人很多，在等车时刻没有座位。在候车厅等车没有一个放杯子等东西的一个平面。为此设计出一款顶部为平面的行李箱，当我们需要用时用力下压行李箱，轮子受力向上成为箱子的支撑，使箱使用起来更平稳。
1
2

图 4-35

第 5 章　创意思维能力的培养与设计课题

图 5-1

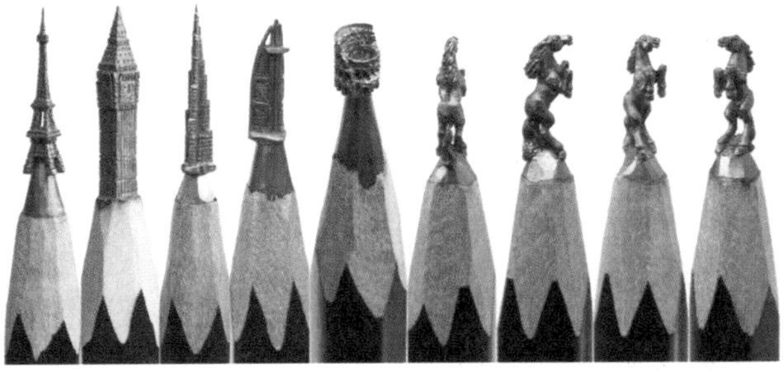

图 5-2

5.1　创意思维能力的培养

创意能力的培养和发展需要一种适合它成长的环境。没有一个开放、自由的创作环境，设计者就很难提升创意思维能力。应该首先创建能够激发设计者自主思维的外因环境，然后再创建挖掘设计者自身潜能的内因环境，两方面条件均已成熟，那么创意思维能力自然而然地便会提升。

5.1.1　创意思维之知识的积累

“艺术源于生活而高于生活。”对于设计者来讲，培养创意思维的重要前提就是大量积累艺术设计知识。艺术设计知识的积累是影响艺术设计创意活动的关键因素。创意的每一个元素来源于生活中的每一个细节和经历。因此，用能发现美的双眼看世界，观察生活，这样创意的思维就会不断地在脑海中跳跃，创意的灵感就会在不经意间出现。对于产品设计专业有许多可以产生创意并能够利用的资源如：前沿的科技创新、热点社会问题和新闻报道、传统文化、民族特色等内容，在这类资料中，可以建立有用的创意资料库（图 5-2）。

5.1.2　创意思维之兴趣的培养

“我坚信，随着年龄的增长，我们的创造力并非与日俱增，反而是与日俱减的，甚至可以说我们的创造力被教育扼杀了”，著名的教育学家肯 · 罗宾逊曾指出我们的教育方式抑制了孩子的创造性思维能力。兴趣是创新必须重视的要素。传统的教育观念告诉我们要“干一行爱一行”，但是如果成天所要面对的是自己不感兴趣的工作，我们可以预见其积极性将会大打折扣。只有对自己的事业产生浓厚的兴趣，才会不遗余力地追求它、探寻它，采摘其中的珍宝，创新力才会开发出来。兴趣人人都有，但兴趣有好坏之差。兴趣真正确立起来，具有相当的持久性和稳定性，往往会陪伴人们终生。据心理学家研究，兴趣可以分为三类：

第一类是直观兴趣，即看到周围美丽的、引人注目的东西，自然引起的兴趣。

第二类是自觉兴趣，这种兴趣伴随着思维活动，能从引起兴趣的事物中提出一系列的问题，形成丰富的联想。

第三类是潜在的兴趣，这种兴趣不仅包括思维，还加入了意志成分，带有目的性、方向性和持久性。

准备有所创新的人应当努力培养自己的潜在兴趣。

创意日用品设计（图 5-3 至图 5-6）。

图 5-3

图 5-4

图 5-5

图 5-6

5.1.3　创意思维之观察力的培养

观察是知觉的特殊形式，它是从一定的目的和任务出发，有计划、有组织地对某一对象的知觉过程。观察是人对现实的感知活动。在观察中，知觉、思维和言语结合为统一的智力活动。观察是智力的门户，是思维的前哨，是启动思维的按钮。著名心理学家鲁宾斯指出“任何思维，不论它是多么抽象的、多么理论的，都是从观察分析经验材料开始。”观察的全面深入正确与否，是在教学过程中，培养和发展学生良好的观察力，是发展学生智力和培养学生良好的个性品质的重要任务，也决定着创意思维的形成。因此引导学生明白对一个问题不要急于按想的套路思考，而要深刻观察，去伪存真，这不但为最终解决问题奠定基础，而且也可能有创见性地寻找到解决问题的契机。

培养敏锐感受生活的能力，激发设计者创意的源泉。培养设计者有意识地感受周围环境的能力，让他们思考变化着的生活中的一切，这样，他们就会不断地发现问题，从设计的角度来思考问题，不断对现实生活进行提炼、升华、扩展和再创造。“母猫晒太阳”这一现象相信我们很多人都看过，但只有斐塞斯博士琢磨了，猫喜欢待在阳光下，这说明光和热对它一定是有益的。那对人呢？对人是不是也同样有益？这个想法在斐塞斯的脑子里闪了一下，可就是这么一闪，成为闻名世界的“日光疗法”的引发点，斐塞斯博士也因为一只睡懒觉的猫获得了当年诺贝尔医学奖。作品的好坏其实关键取决于它的创意，而创意必须有来源，这来源是自己心中的积累，心所看到、所感受到的一切。设计灵感的来源可以有很多，可以是设计者偶然想到的一个画面、一部电影、一首音乐等，总之，创意来源于生活中的点点滴滴。眼睛只是感官，到底看到什么，看到多少，是心在决定。鼓励设计者走出去，学会观察自然，体验生活，时刻捕捉生活中的点滴，发现问题，并用设计的方式来解决问题；设计者也可以利用多媒体和互联网络，时刻关注最前沿的设计信息和优秀设计作品，接受更多的新事物和新观念，来丰富自己的阅历。看看展览、旅游、逛街、与社会上各类人交往等，开拓自己的设计视野。只有自己亲身体验和感悟的生活，那么设计出的产品才能有血有肉，才能真正打动别人。

创意冰格设计（图 5-7、图 5-8）。

图 5-7

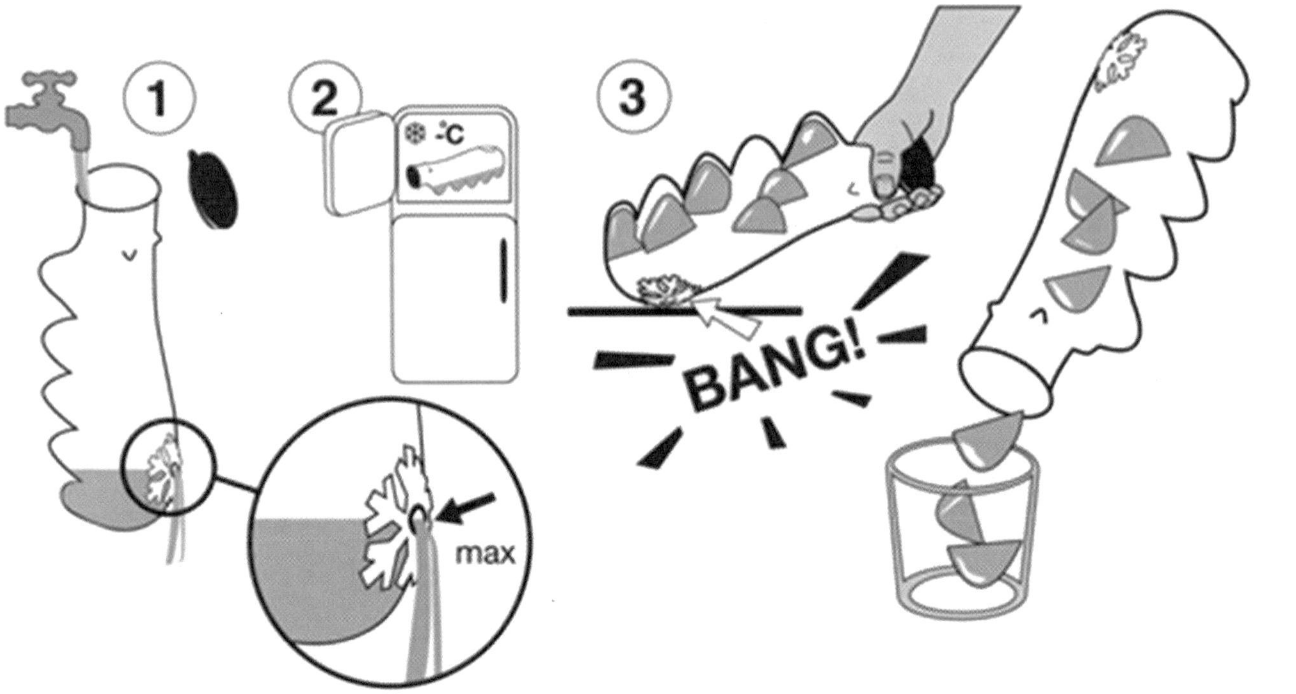

图 5-8

5.1.4 创意思维之发现问题能力的培养

创造性思维是从问题开始的。从“问题解决”的角度看，创造性思维就是一个发现问题、明确问题、提出假设、验证假设的过程。所以，科学创造、文艺创作以及其他的创造活动，其思维过程都起始于问题。发现问题和提出问题是解决问题的前提，它的重要性如同爱因斯坦所说：“提出一个问题往往比解决一个问题更重要，因为解决问题也许仅是数学上或实验上的技能而已，而提出新的问题、新的可能性，从新的角度去看待旧问题，却需要创造性的想象力，而且标志着科学的真正进步。”

提升发现问题、提出问题的能力，首先要鼓励他们敢于和善于质疑。在发现问题的过程中，思维的创造性主要表现在能够同中见异、异中见同、平中见奇，能够从一般人不易觉察的地方看出问题。而要做到这一点，又在于能否对司空见惯的事物提出疑问。如果说发现问题是解决问题的开端，那么质疑又是发现问题的起点。不质疑，便无问题可言。哥白尼提出日心说、爱因斯坦提出相对论，无不起始于对传统的不曾被他人怀疑的经典理论提出怀疑。所以，要提升创造性思维，提高发现问题和提出问题的能力，就必须敢于和善于质疑，增强自身的问题意识。

善于质疑的品质和问题意识的建立又与一个人的好奇心和敏锐的洞察力相联系。好奇心和惊讶感本是儿童的天性，可惜随着年龄的增长、知识的增多，一个人的好奇心也渐渐淡漠，似乎自己什么都懂了。好奇心的淡漠是问题意识淡化和不能激起创造热忱的重要原因。爱因斯坦说：“我们所能有的最美好的经验是奥秘的经验。它是坚守在真正艺术和真正科学发源地上的基本感情。谁要是体验不到它，谁要是不再有好奇心也不再有惊讶的感觉，他就无异于行尸走肉，他的眼睛是迷糊不清的”。好奇心的淡漠乃至泯灭，与令人窒息的学习环境和灌注式的教学方法直接相关。爱因斯坦回忆自己的学生时代，曾批评这种教学方法说：“无论多好的食物强迫吃下去，总有一天会把胃口和肚子搞坏的。纯真的好奇心的火花会渐渐地熄灭。” 因此，充分发扬民主，给设计者创设一个宽松的、和谐的工作环境，爱护和激发他们的好奇心，鼓励他们敢于置疑，敢于提问，这样才能逐步增强设计者的问题意识并进而形成发现问题和提出问题的能力。

基于高度问题的创意设计（图 5-9、图 5-10）。

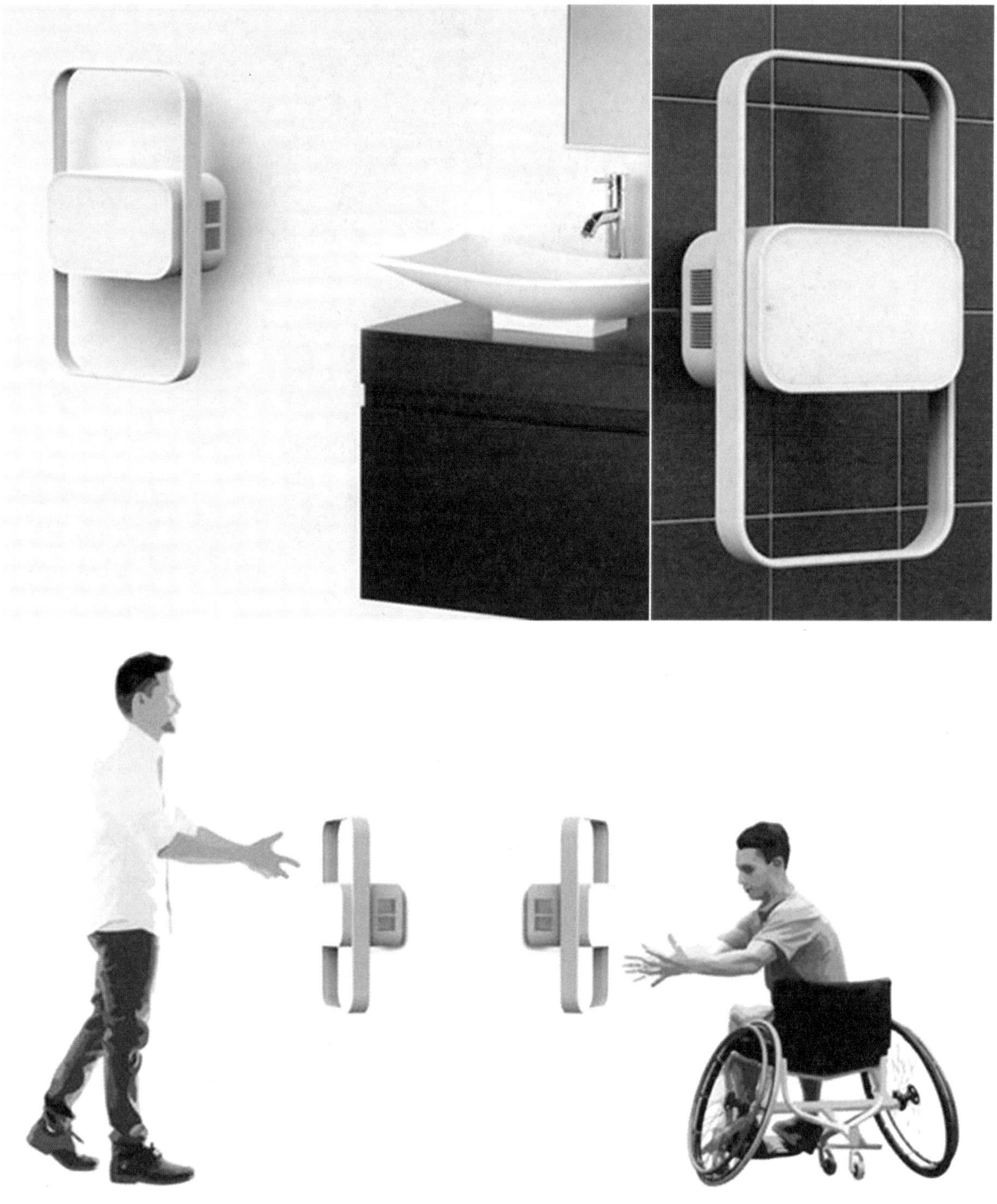

图 5-9

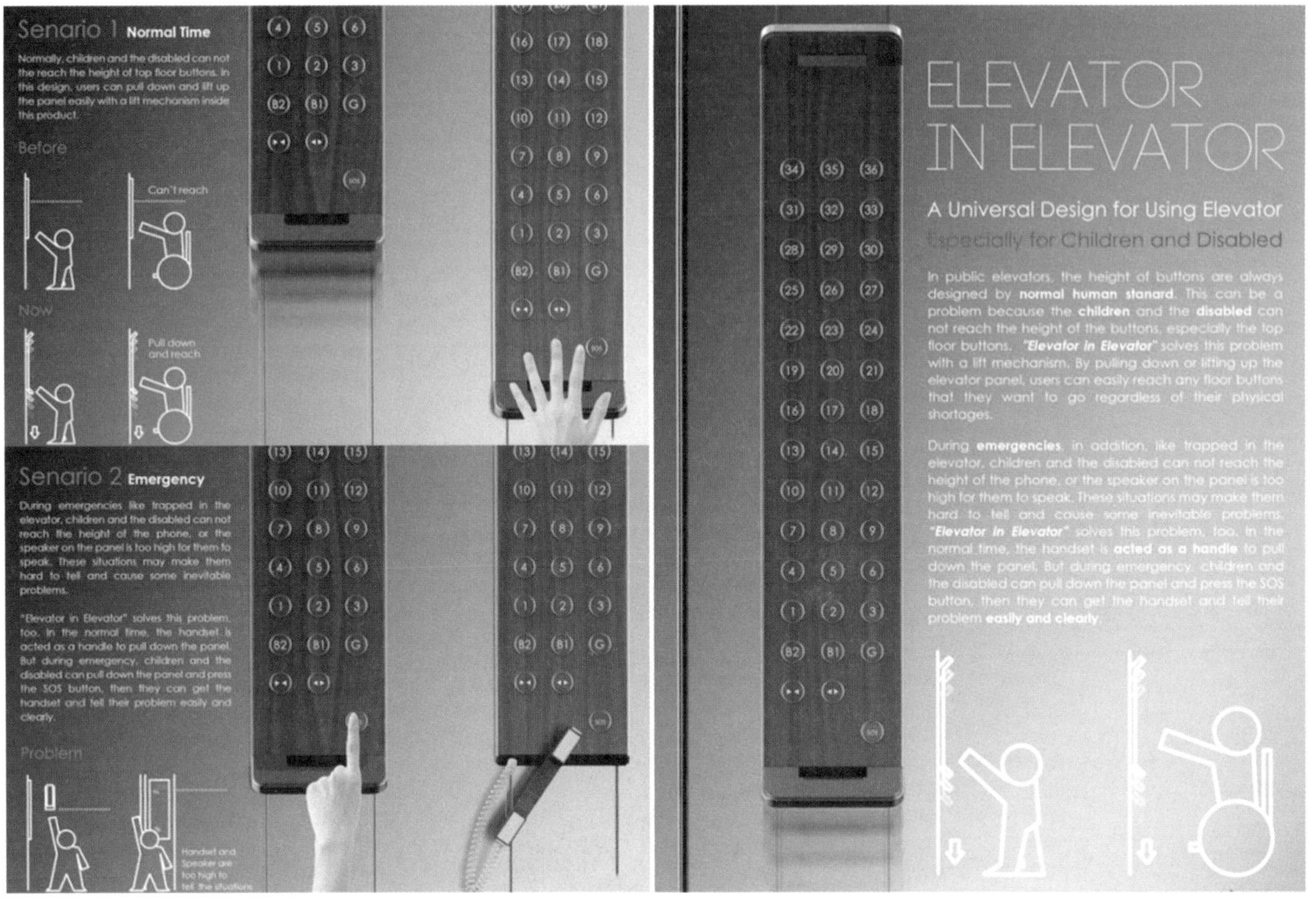

图 5-10

5.1.5　创意思维之手绘能力的培养

徒手绘制草图是锻炼设计者创意能力的最有效途径，运用图示的形式来发现思维的活动，也是创造性思维的第一步。头脑的思维通过手的自由勾画，显现在纸面上，通过眼睛的观察反馈到大脑，刺激大脑作进一步思考、分析和判断，如此循环往复，最初的设计构思也越发深入、具体而完善。在设计的前期，尤其是方案设计的开始阶段，运用徒手草图的方式，把一些模糊的、不确定的想法从抽象的头脑思维中延伸出来，把设计过程中随机的、偶发的灵感抓住，捕捉具有创新的思维火花，一步一步地实现对设计要求的不断趋近。手绘草图的训练，无疑是培养设计者形象化思考、设计分析与发现问题，以及培养设计者运用视觉思维的方法开拓创新思维能力的有效途径。

用草图来抓住创意（图5-11 至图5-15）。

图 5-11

图 5-12

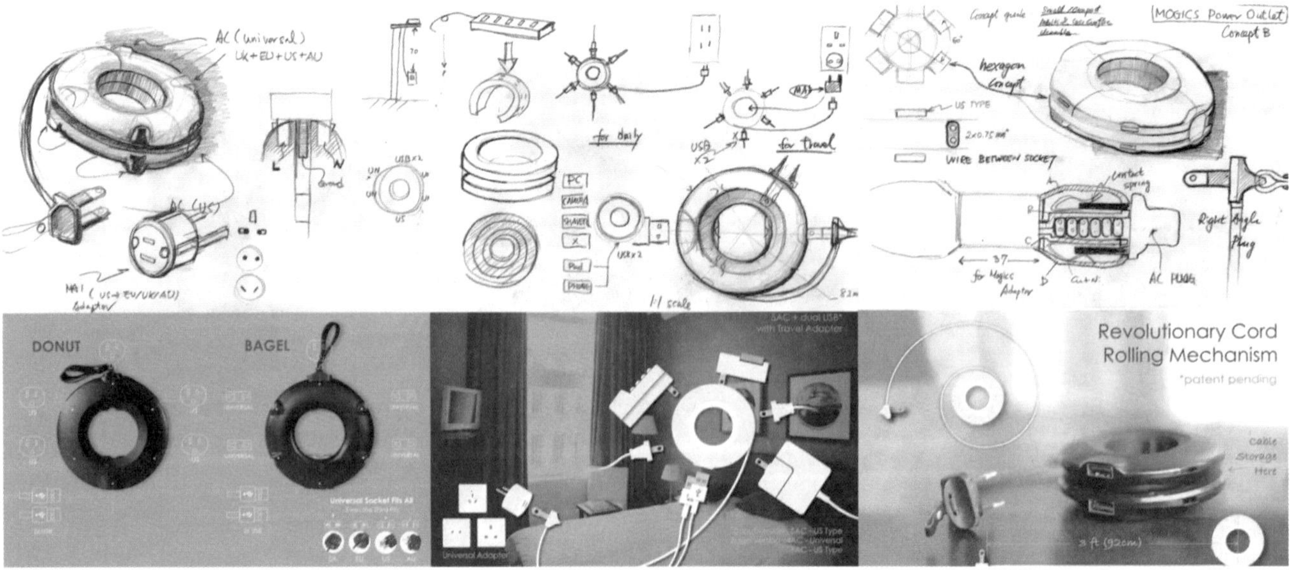
AC (universal)
MOGICS Power Outlet
Concept B
hexagon concept
for daily
for travel
Right Angle Plug
AC PLUG
1:1 scale
DONUT
BAGEL
Universal Adapter
Revolutionary Cord
Rolling Mechanism
*patent pending
Cable Storage Here

图 5-13

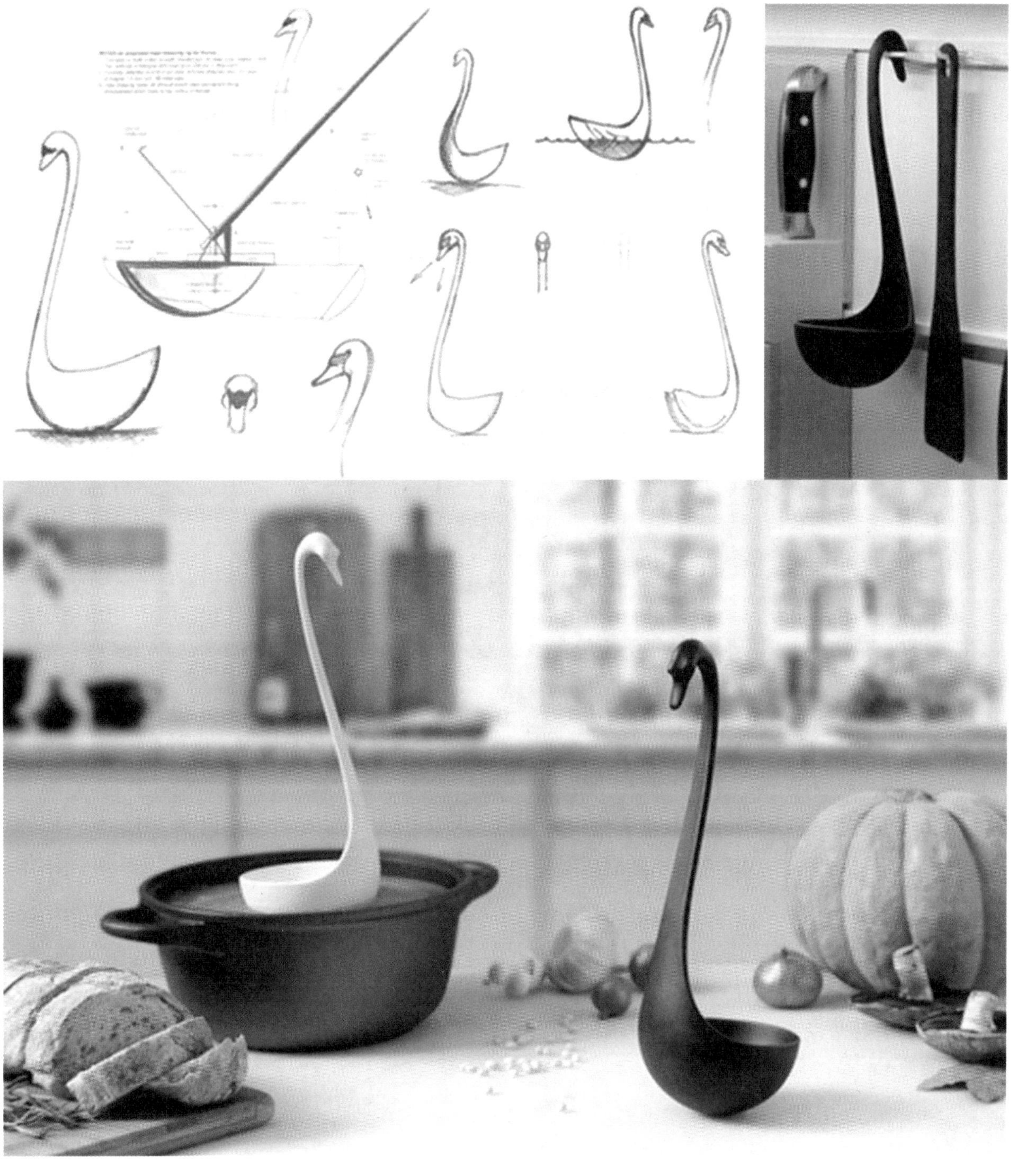

图 5-14

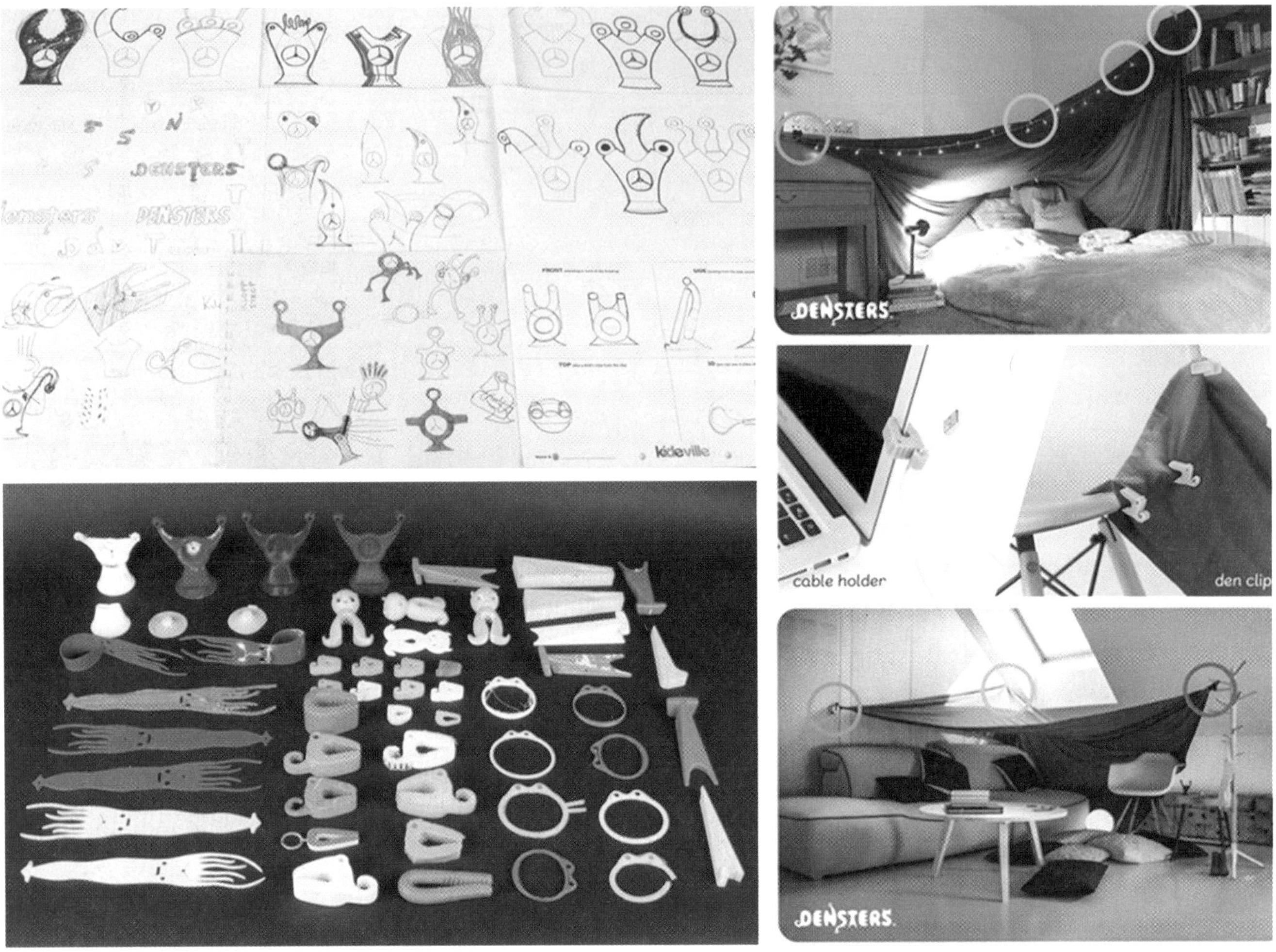

图 5-15

5.2 创意设计赏析

产品设计专业是一个综合性非常强的专业，在掌握相关专业知识的同时，应通过不同专业的设计者交叉组团创新，可以开放设计者的视野和心态，提升设计者的设计境界。通过来自不同背景的设计者的协同合作，创新能力得到更大地发挥。大部分设计者把团队看作是一个强有力的创造力量。他们认为团队确实比独立的个人有更好的表现，尤其当任务十分精细，并需要多种才能和不同观点的时候，更加需要团队的有效配合。因为设计就是和人沟通，对待设计问题我们需要从各种角度来思考。这好比登山，我们有一千条路可以登上山顶，每一条路都是正确的，只是路的远近不同，道路的曲折不同。对待好设计肯定也是仁者见仁，思想只有在碰撞中才能产生火花。

关于静脉注射的创意设计（图 5-16 至图 5-23）。

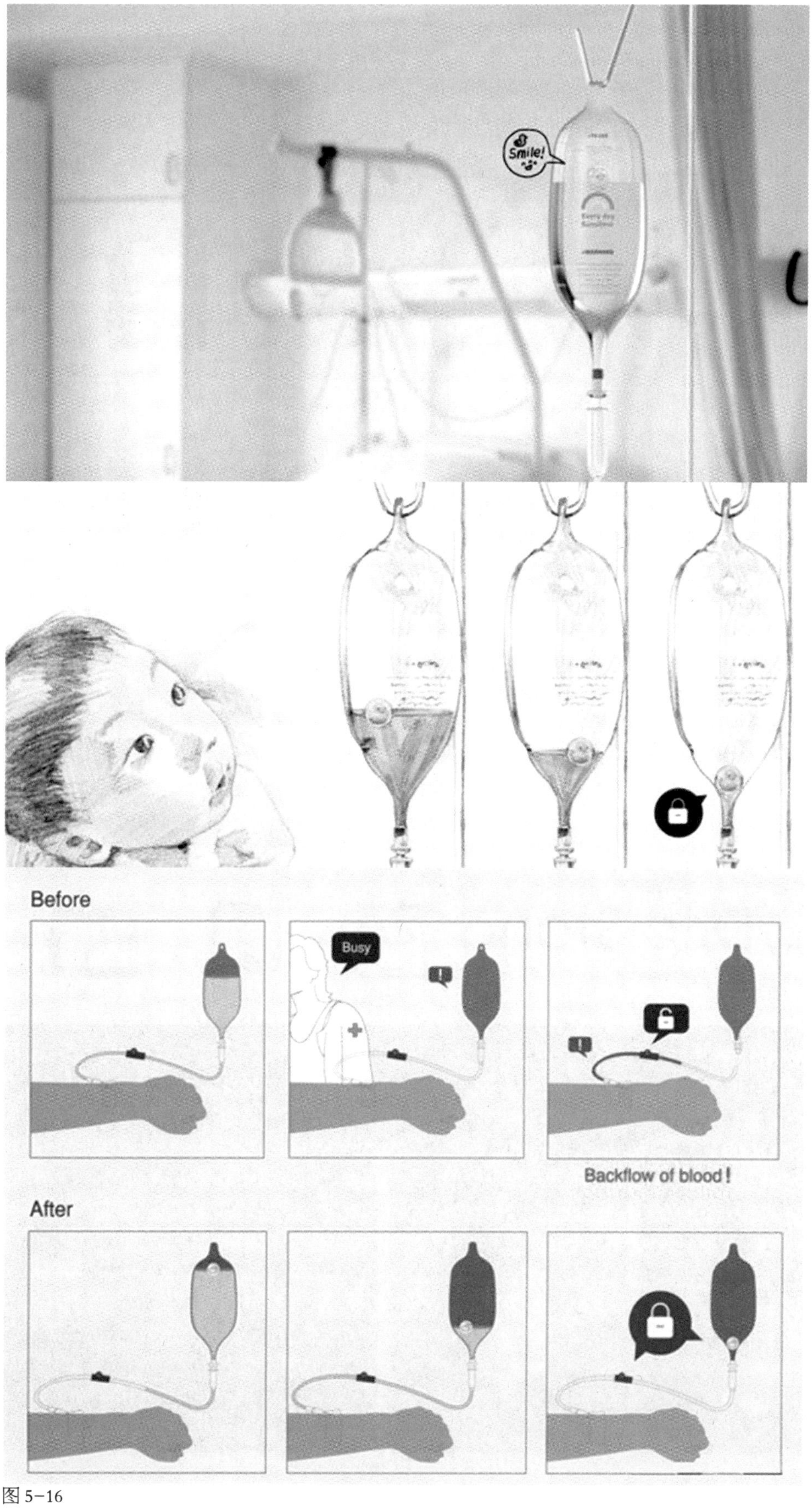

图 5-16

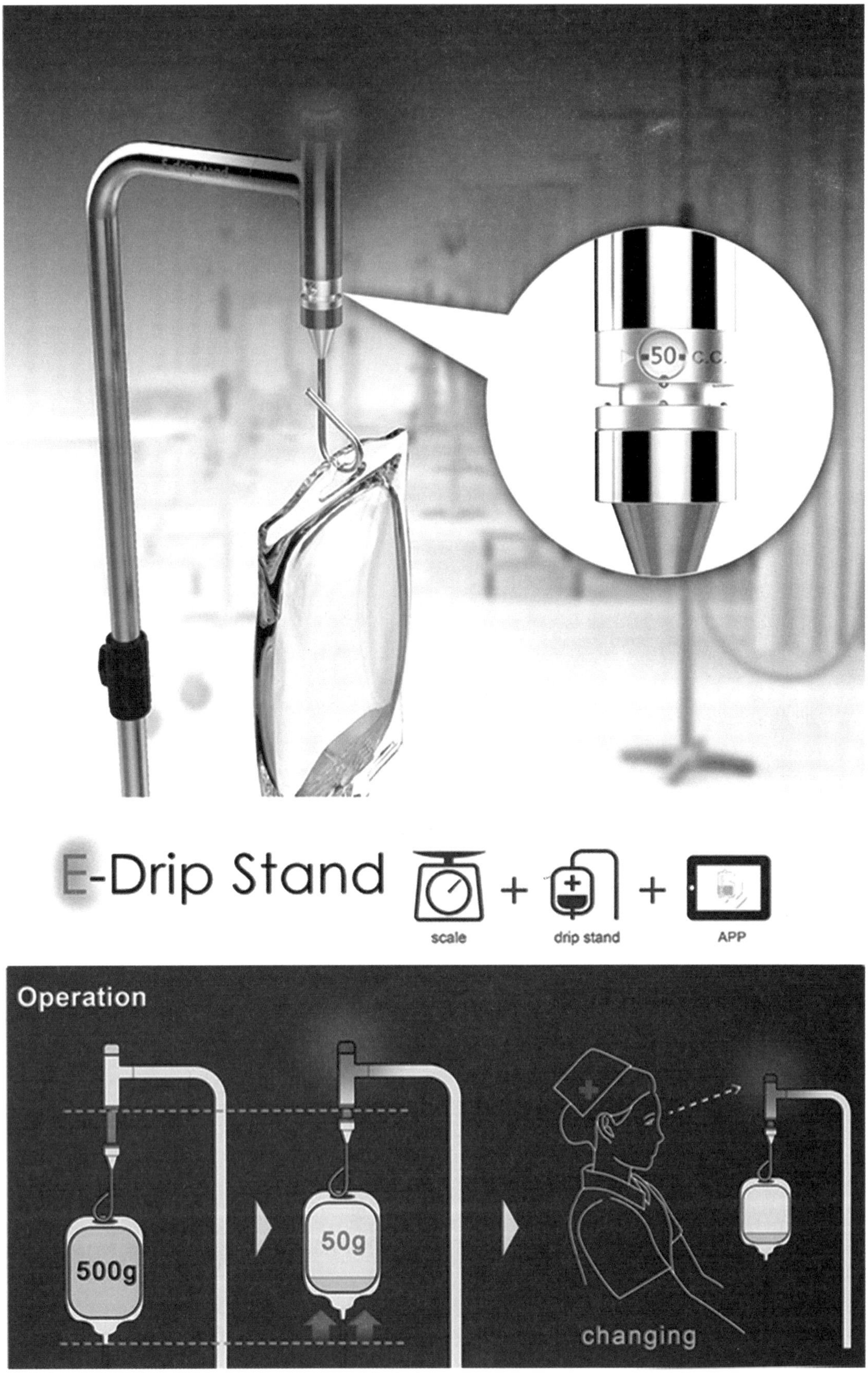
50 c.c.
E-Drip Stand
scale
drip stand
APP
Operation
500g
50g
changing

图5-17

Heparin Sodium
1,000 units
1h 20m
10 gtt
IV LIGHT
In progress..
1h 50m
1h 30m
1h 10m
50m
30m
10m
LIGHT
Whose intravenous bottle is empty?..
TRY IV LIGHT?
That patient's iv must be changed!
IV Concept
"IV light" is a device attached to a drip chamber, showing patient's situation who is getting the IV injection to a nurse or a doctor in a intuitive way. "IV light" measures and calculates the frequency of sap falling down in a drip chamber, showing the progress of patient getting the IV injection through light and laser. Moreover, because the sap is transparent, one can not easily notice how much is remaining. But the color light brightens the IV bottle, enabling one to easily notice the residual quantity.

图 5-18

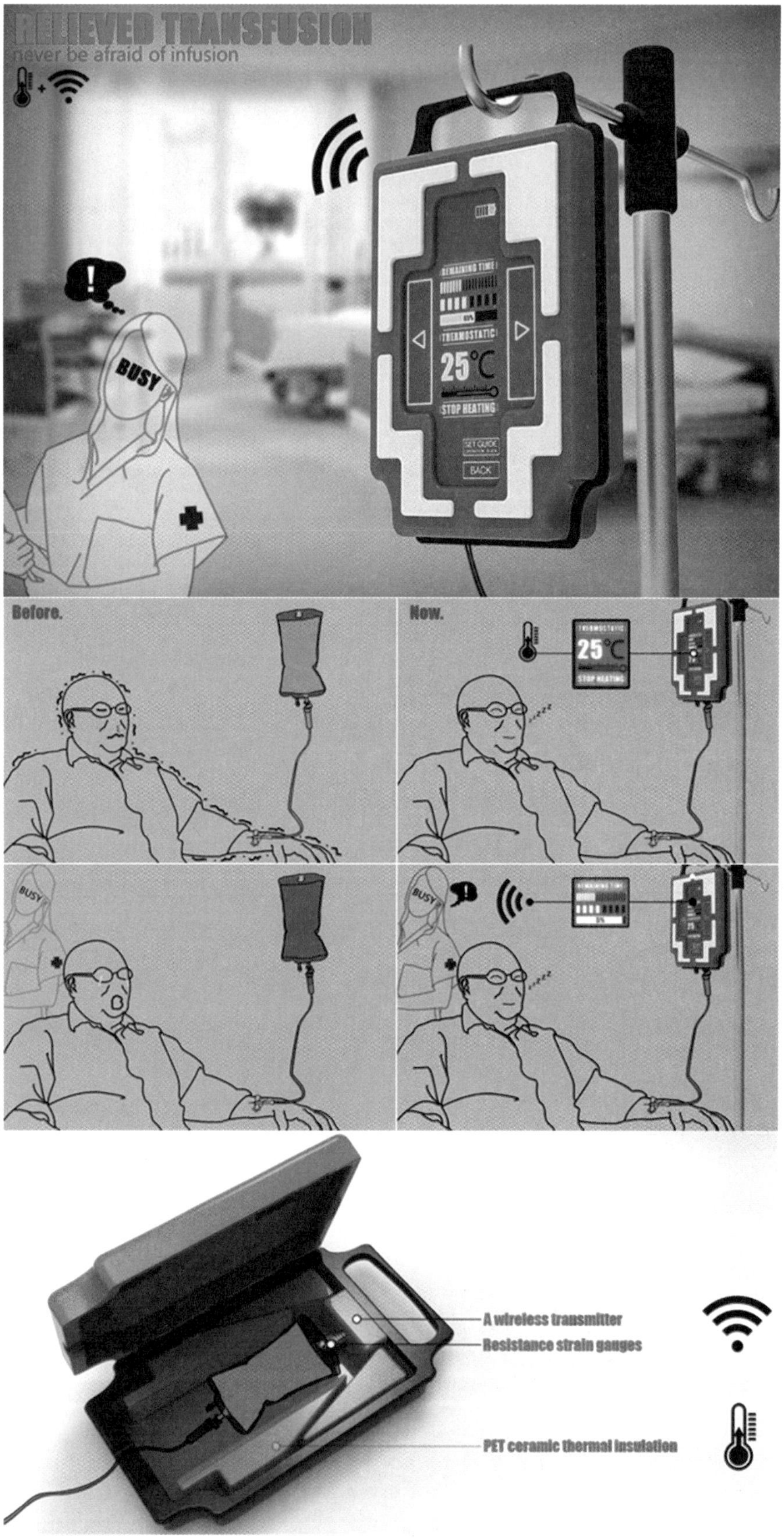
RELIEVED TRANSFUSION
never be afraid of infusion
BUSY
REMAINING TIME
THERMOSTATIC
25℃
STOP HEATING
BACK
Before.
Now.
A wireless transmitter
Resistance strain gauges
PET ceramic thermal insulation

图 5-19

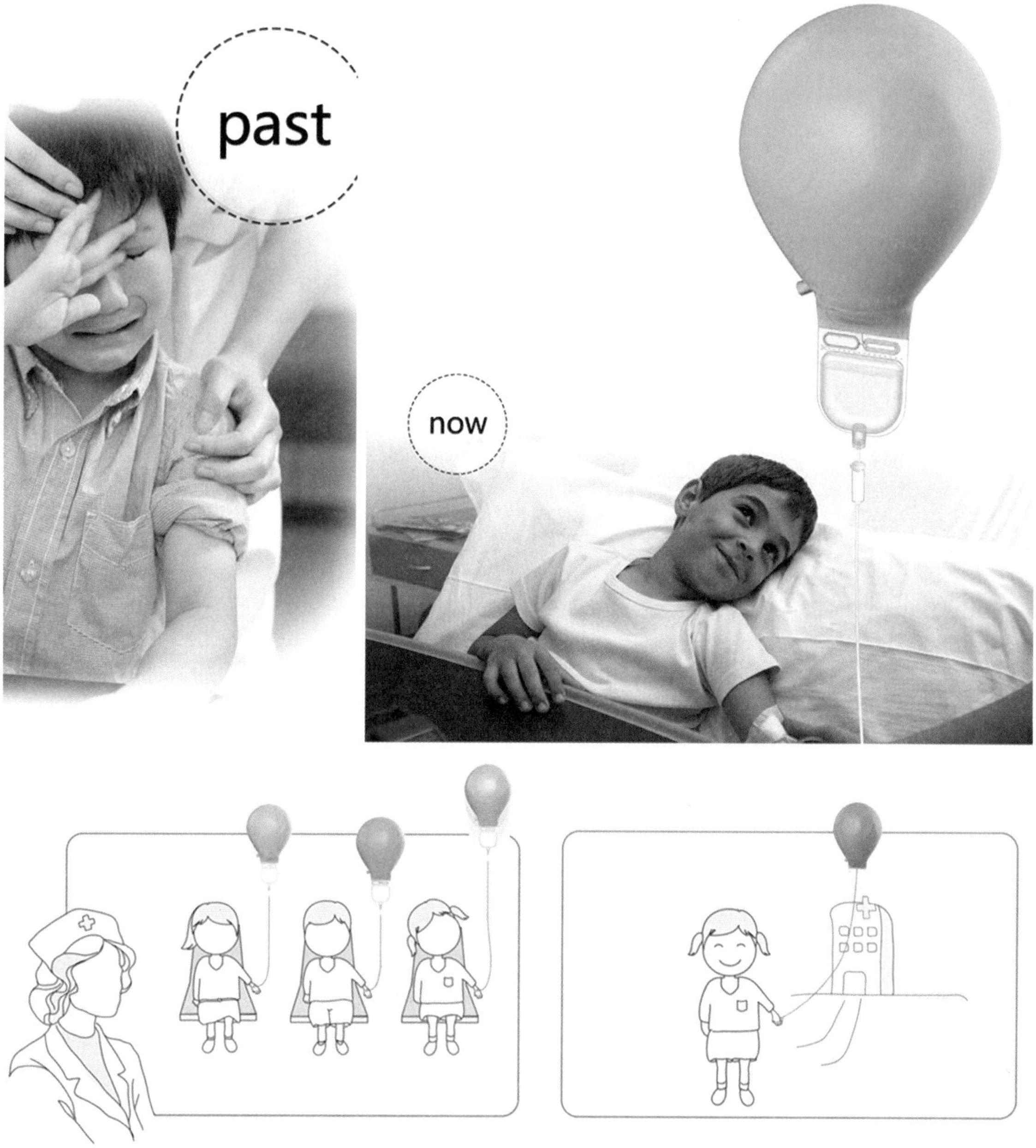

图 5-20

图 5-21

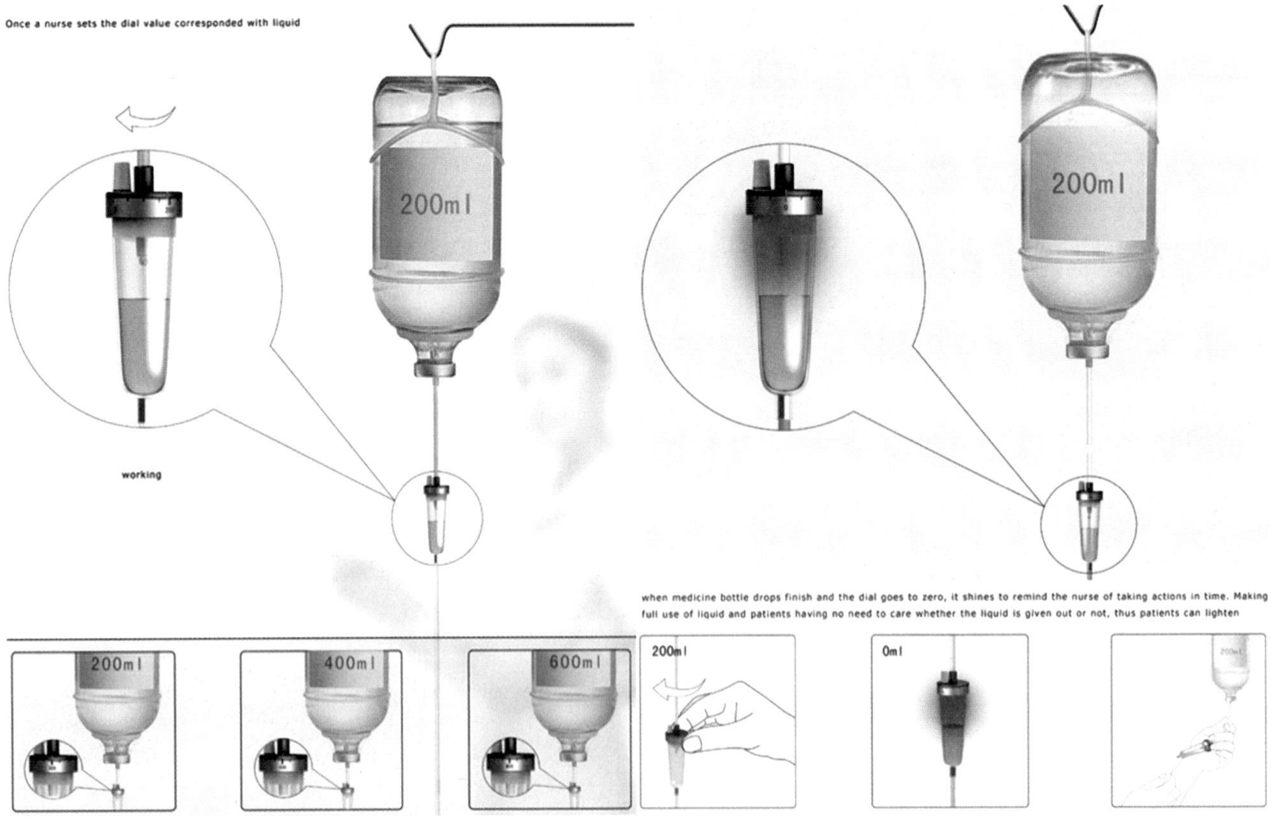
Once a nurse sets the dial value corresponded with liquid
200ml
working
200ml
when medicine bottle drops finish and the dial goes to zero, it shines to remind the nurse of taking actions in time. Making full use of liquid and patients having no need to care whether the liquid is given out or not, thus patients can lighten
200ml
400ml
600ml
200ml
0ml

图 5-22

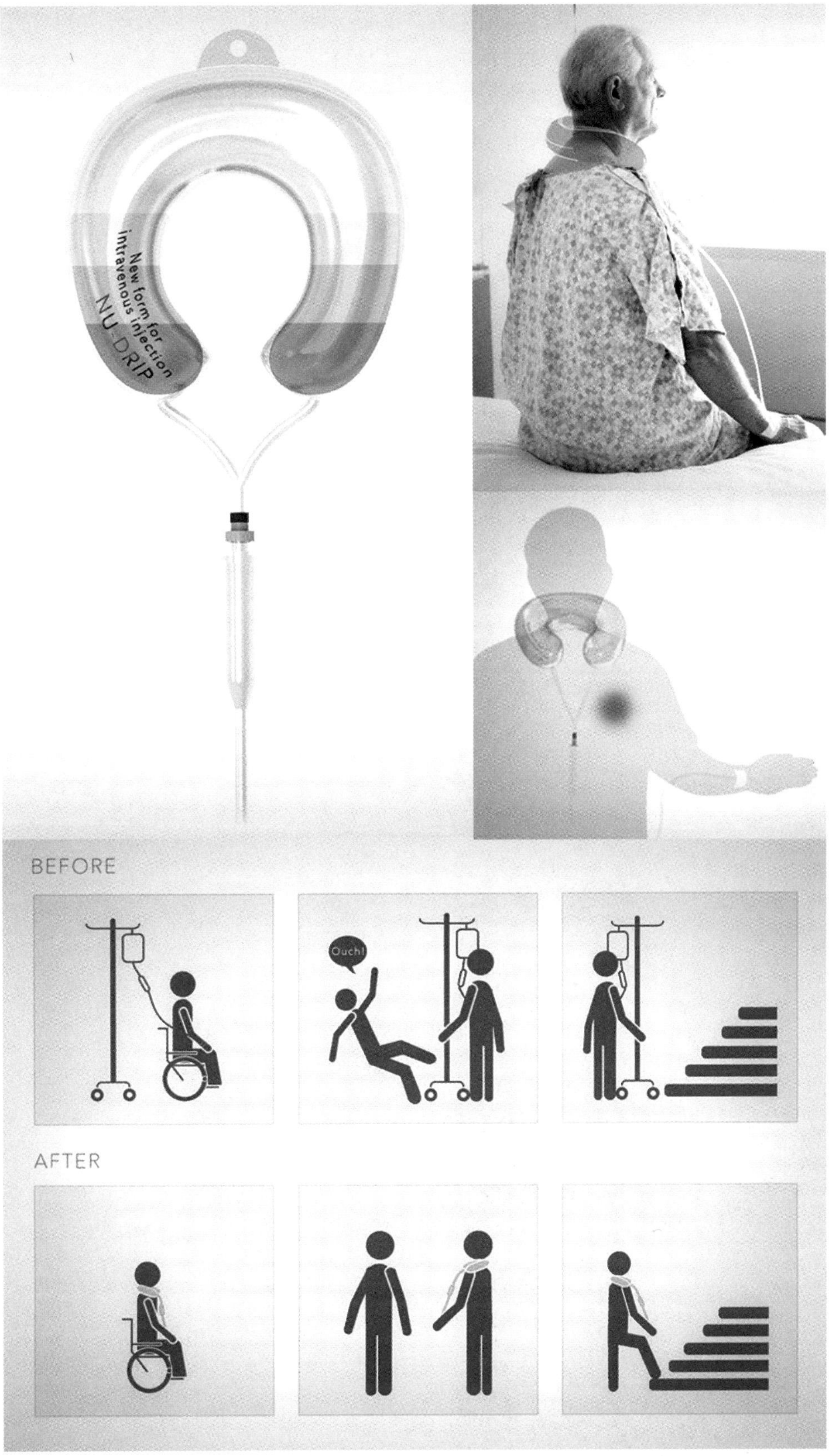
New form for
intravenous injection
NU-DRIP
BEFORE
Ouch!
AFTER

图 5-23

创意思维作为一种思维形式，它并不是与生俱来的，而应在设计实践中不断地训练、学习才能拥有，可以说，它能够通过后天的培养渐渐加强和提高，只要善于观察生活中的小细节、小问题，进行思考、揣摩，将创意思维用于指导产品设计中，通过自己的奋斗努力完成好设计作品。

教学原创设计案例（图 5-24）

2016 德国 IF 学生设计奖，全球 TOP100

设计：徐婷，张鑫，李佳雯

指导老师：熊伟，周唯

（图 5-25、图 5-26）

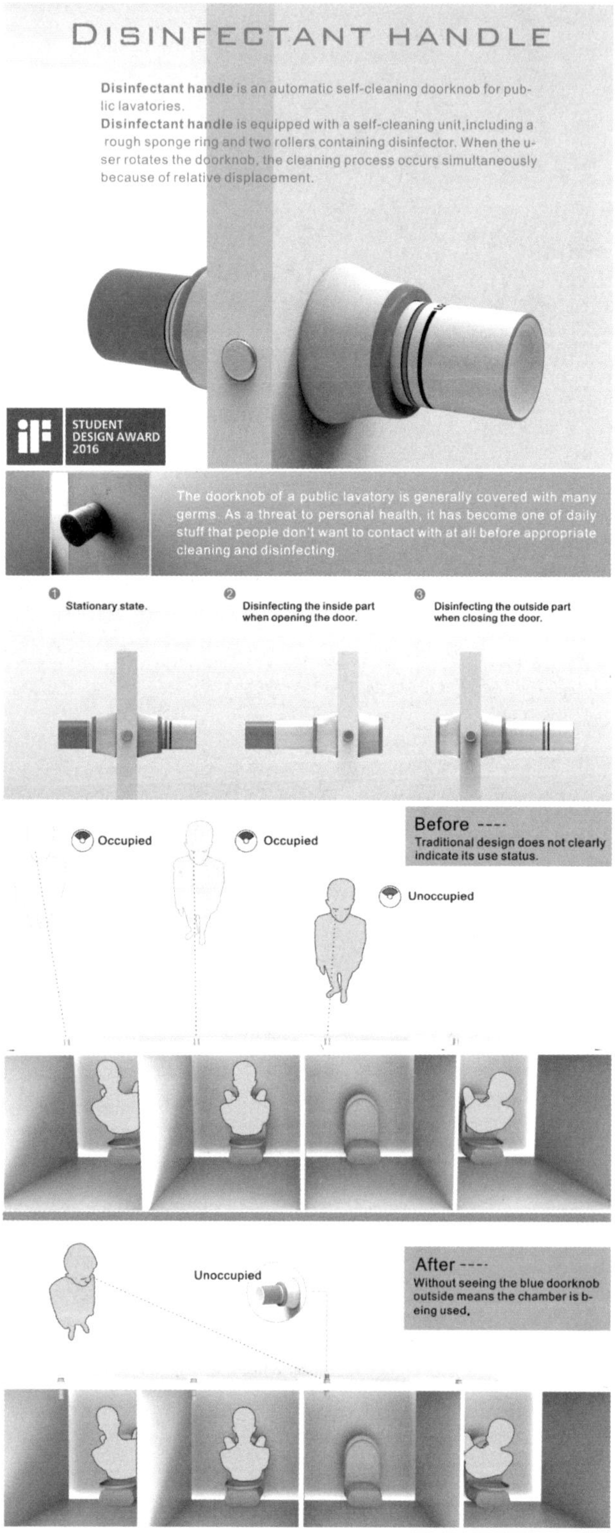

图 5-24

小飞侠
Peter pan
智障儿童平衡训练玩具设计
智障儿童是世界无限多样化花园里最脆弱娇嫩的花儿，关爱是孕育智障儿童成长的重要养分。智障儿童下肢爆发力与下肢力量显著低于健康同龄儿童，下肢力量薄弱，会导致机体平衡能力下降，易造成跌倒损伤，甚至影响日常生活的自理能力。
“小飞侠”是一款智能玩具，也是一款为智障儿童设计的康复玩具。此理念是通过智能投影功能，投影出游戏的画面，智障儿童需要用下肢力量去操控这个游戏，达到锻炼下肢做康复练习的目的。具有蓝牙配置功能，通过手机蓝牙播放音乐，让孩子在训练过程中轻松得到康复。

图 5-25

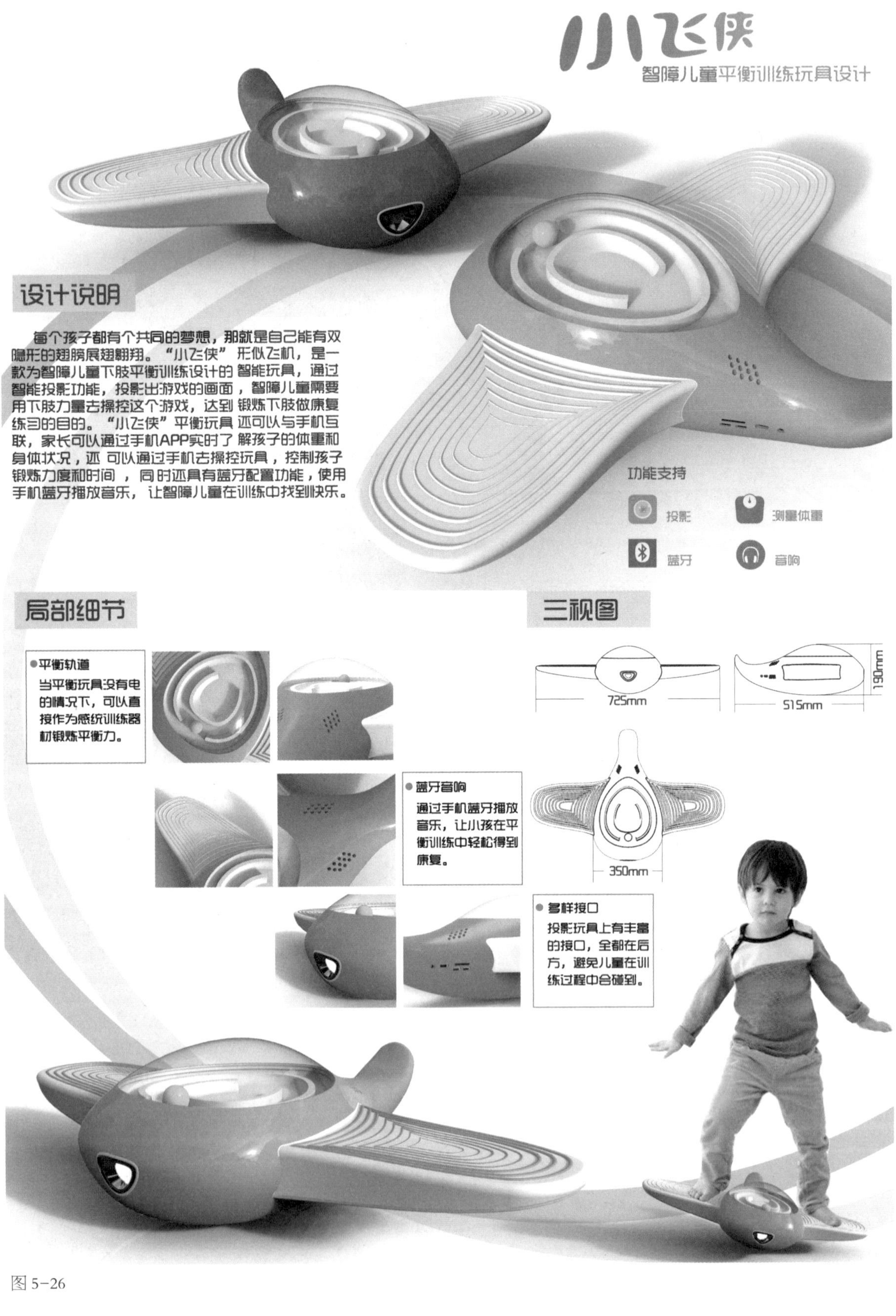
小飞侠
智障儿童平衡训练玩具设计
设计说明
每个孩子都有个共同的梦想，那就是自己能有双隐形的翅膀展翅翱翔。“小飞侠”形似飞机，是一款为智障儿童下肢平衡训练设计的智能玩具，通过智能投影功能，投影出游戏的画面，智障儿童需要用下肢力量去操控这个游戏，达到锻炼下肢做康复练习的目的。“小飞侠”平衡玩具还可以与手机互联，家长可以通过手机APP实时了解孩子的体重和身体状况，还可以通过手机去操控玩具，控制孩子锻炼力度和时间，同时还具有蓝牙配置功能，使用手机蓝牙播放音乐，让智障儿童在训练中找到快乐。
功能支持
投影
测量体重
蓝牙
音响
局部细节
平衡轨道
当平衡玩具没有电的情况下，可以直接作为感统训练器材锻炼平衡力。
蓝牙音响
通过手机蓝牙播放音乐，让小孩在平衡训练中轻松得到康复。
多样接口
投影玩具上有丰富的接口，全都在后方，避免儿童在训练过程中合碰到。
三视图
725mm
515mm
190mm
350mm

图 5-26

2016 中国第七届玩具与婴童用品创意设计大赛特等奖

设计：徐洁，陈杰，聂菲一

指导老师：徐卓

（图 5-27 至图 5-38）

泡泡鱼滑板车
弘盛杯滑板车分赛
谁不想拥有一个充满快乐，浪漫的童年呢？
伴随着漫天绚烂泡泡的泡泡鱼滑板车来啦！
伴随着车子的滑动，空气通过“鱼嘴”进气口进入
“鱼头”内的泡泡产生装置
鱼眼后部的金属圈就会不断喷出泡泡
前轮的红色部分是LED灯
夜间打开它，马上变身脚踏风火轮的小哪吒！
拥有它，
它将载着你
进入泡泡的世界

图 5-27

宏盛杯滑板车分赛
泡泡鱼
滑板车
泡泡出口
又像鱼的眼睛
进气口
风通过时可以
将泡泡吹出
LED灯
灯光可增加气氛
更能引人注目
趣味儿童滑板车设计
设计亮点是在玩滑板车时滑得越快,车可以向外冒泡泡。趣味性更强，增加互动性。在技术上不难实现,板车前面有一处进风口,是吹动里面的液体滚动从而通过小口吹出。孩子站在泡泡上快速地滑行，是不是有点像童话里那个脚踩火轮的小哪吒呢!

图 5-28

People oriented
More convenience
Less difficulty
V-Cap
"V-Cap" is designed for easy opening bottle by use of table edge, racket, stationery, and tableware.
1/3

图 5-29

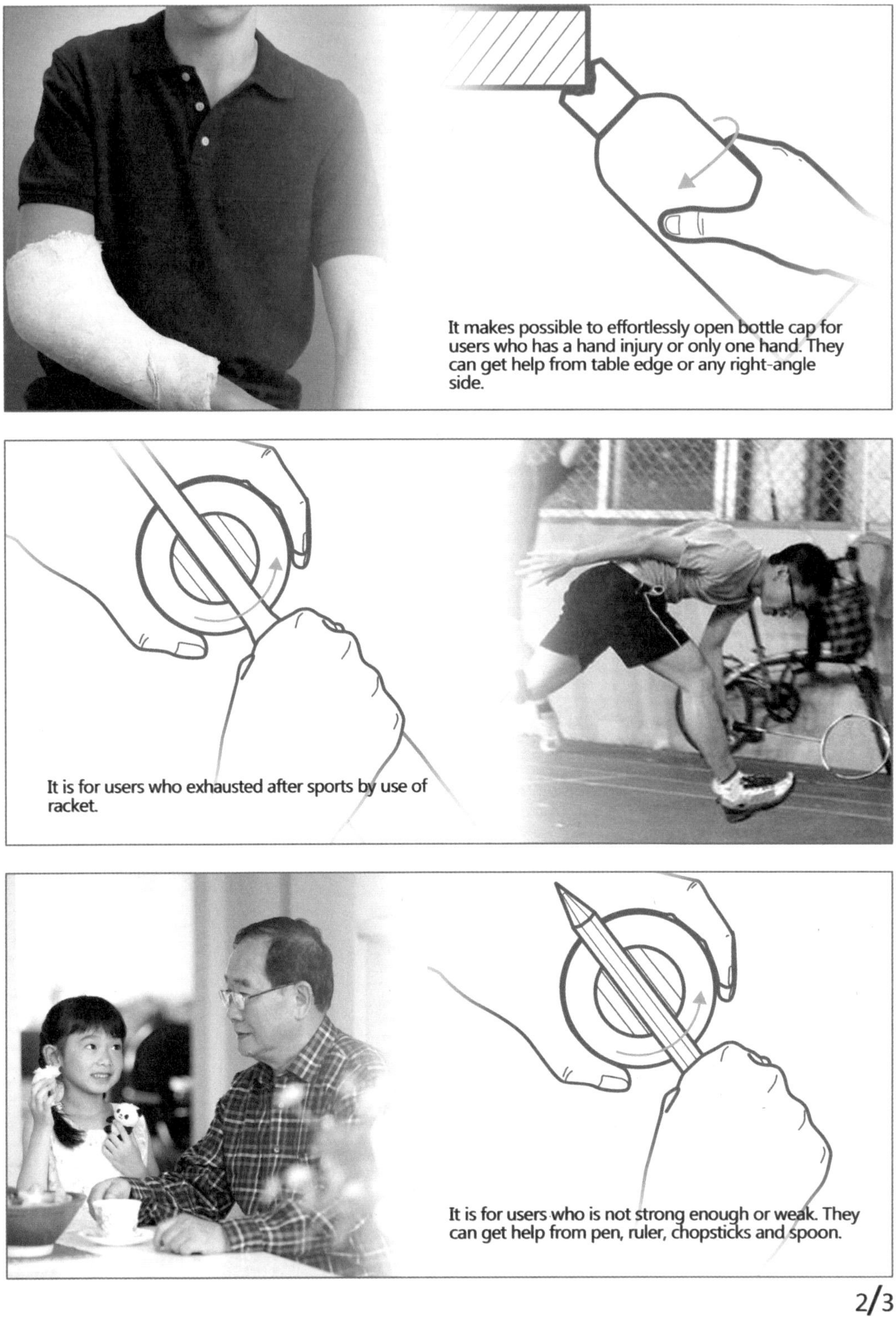
It makes possible to effortlessly open bottle cap for users who has a hand injury or only one hand. They can get help from table edge or any right-angle side.
It is for users who exhausted after sports by use of racket.
It is for users who is not strong enough or weak. They can get help from pen, ruler, chopsticks and spoon.
2/3

图 5-30

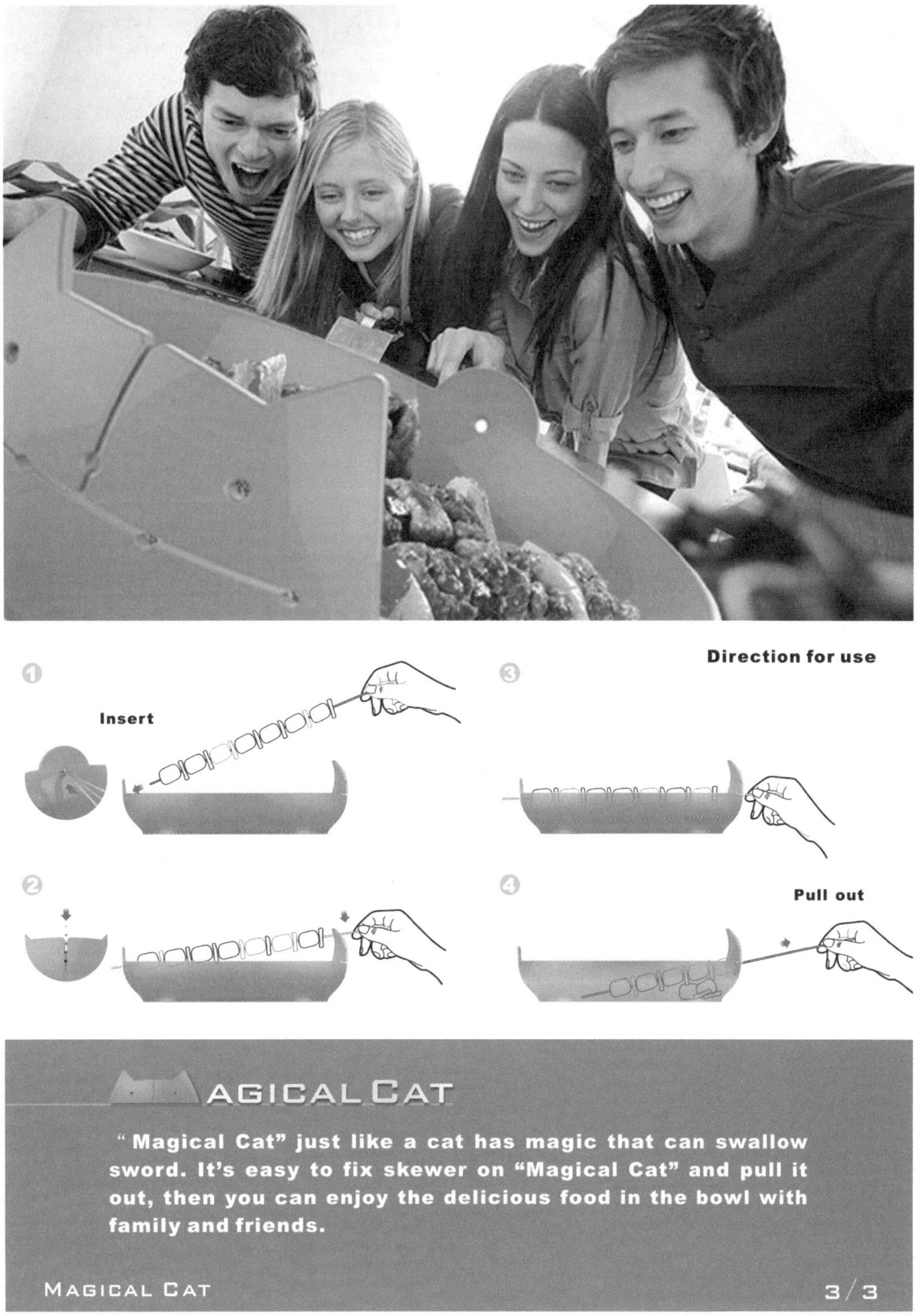
Direction for use
1
Insert
2
3
4
Pull out
MAGICAL CAT
" Magical Cat" just like a cat has magic that can swallow sword. It's easy to fix skewer on "Magical Cat" and pull it out, then you can enjoy the delicious food in the bowl with family and friends.
MAGICAL CAT
3/3

图 5-31

closer to nature
设计说明：
“close to nature”是一款让孩子们乐于骑车到户外亲近大自然，收集自然素材制作标本的儿童自行车设计。
孩子们外出游玩时将自己心仪的叶，钟爱的花，珍爱的贝壳拾起，纳入自己的小收藏，展示于爱车中，伴随出行。使孩子与自然亲密接触、和谐相处，培养孩子热爱大自然的美好心灵。这收藏的一花一叶，都是孩子们的世界。
“close to nature”造型简洁大方，车架上配有独特的标本盒。父母可以陪伴孩子识别收集到标本的名称，增加亲子之间的沟通，孩子可以与同伴一起分享形态特异的标本，增进孩童之间的友谊，提高对自然知识的学习兴趣。
自行车三视图：
场景展示：
自行车细节图：

图5-32

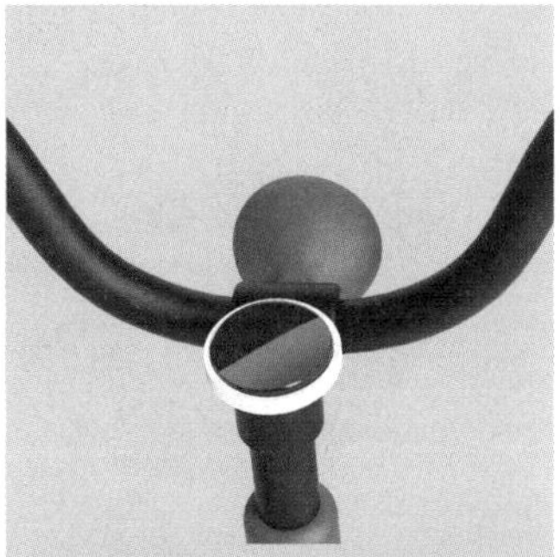

显示屏的主要功能是智能定位、添加好友、任务地图显示。

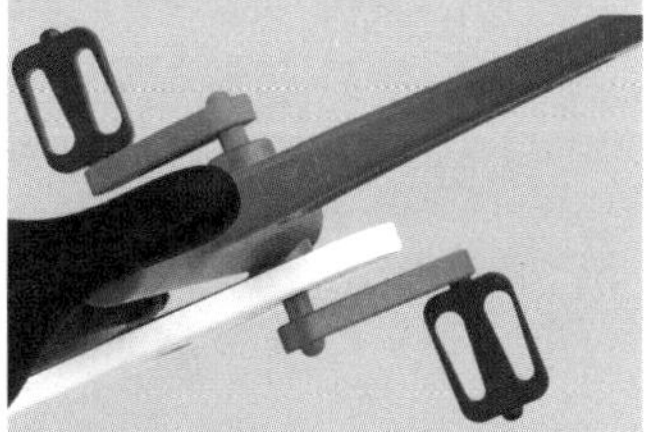

车架和脚踏板处采用了形的渐变和镂空的表现形式，使车架多角度都能展现不同的形态。

挡泥板封闭式空间的设计是综合了安全和车自身保护来考虑的。

设计说明：

“On The Road”是一款融合了互联网+技术的智能儿童自行车设计。

“On The Road”会与家长的手机绑定，通过手机APP可以了解自行车当前的位置及孩子的实时信息。小朋友们结伴骑行时，“On The Road”之间会自动加为好友，同时家长们也在手机APP中自动加入一个群，方便他们实时了解自己孩子的情况，在孩子没按时回家等特殊情况下能与孩子玩伴的家长取得联系，如有意外发生也能更迅地做应急处理。家长们还可以通过手机为孩子设置任务，利用手机APP将任务路线传输到“On The Road”的显示终端，比如帮妈妈拿快递等等，来一次基于互联网+技术的亲子互动。

“On The Road”的设计风格简洁大方。采用的是一体车架，在造型上多次使用形的渐变和镂空的表现形式，“On The Road”融合互联网+技术，让家长与孩子间的互动更加活跃，让家长更多地参与到孩子的成长中，使孩子简单地骑行变得更加有趣，从而拉近家长与孩子间的关系。

图 5-33

第二届优贝杯儿童自行车创意设计大赛
参赛ID:2988270
星外来客
Animals are our friends
皮带传动运行平稳，结构简单，方便调整。
使用展示图一
透气孔的设计是为了让宠物在里面更舒适。
使用展示图二
突破创新
“星外来客”打破常规的儿童自行车模式，后挂小拖车。孩子们可以在骑车的同时带着自己的宠物兜风；在和其他小朋友骑车玩耍时，也可以将自己的玩具放在小拖车里，和小朋友一起分享玩具。
极致体验
车架采用铝合金的材质，骑行更加轻便。将容易对孩子产生伤害的部件连接处进行隐藏，使孩子在骑行的时候更加安全舒适。

图 5-34

第二届优贝杯儿童自行车创意设计大赛
参赛ID：2171787
E-DRINK
儿童智能自行车
THERR VIEWS:
880MM
400MM
440MM
1130MM
530MM
DESIGN CONCEPET:
“E-DRINK”是一款提醒孩子在运动过程中适时饮水的儿童自行车。
孩子们在骑车玩耍时，体内的水分消耗较大，在玩性正浓时常常会忘记喝水，“E-DRINK”通过记录孩子的骑行里程，来计算孩子的最佳饮水量，通过车头屏幕颜色的变化来提醒孩子此时需要饮水和休息。“E-DRINK”让孩子了解自己的运动量，帮助孩子养成运动中适时补充水分的健康习惯。
“E-DRINK”整车采用渐消面造型，使车身更有立体感，车架使用铝合金材质，儿童容易掌控，家长在搬运时更轻松。
COLOR DISPALY:

图 5-35

第六届（2015）中国玩具和婴童用品创意设计大赛

ID：1213093

“伸展”爱

Baby trolley

使用场景 | **Usage scenarios**

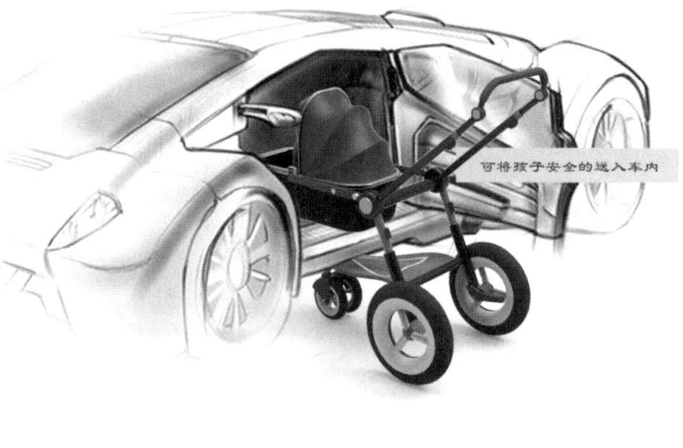
可将孩子安全的送入车内

这款车有效地解决了抱婴儿上下轿车的安全性问题，利用“折尺”的原理，手提车摇篮部分可平稳的移动，将婴儿安全送进车内，在抱出婴儿后，可将提篮移出。婴儿车底部为滑板造型，可给3-5岁的儿童作为滑板车使用，造型时尚简洁，符合人机工程学原理。这种可成长性的设计符合绿色设计理念，同时符合低碳环保的要求。

设计说明 | **Design description**

图 5-36

板凳底面内侧有一块凸起的形方便使用时的拆卸，同时它也可以固定前端锁扣。
板凳底部内侧的凹槽方便绳子快速拿起，在橙色塑料壳与板凳闭合时凹槽被包裹住来确保锁扣不会脱落。
应急救生凳
材料说明
安全绳：合成纤维的安全绳外附有阻燃剂，安全绳总直径10mm，内部钢丝4mm。充分保证使用的安全性。
小方凳：外壳为纤维板，底座为PP聚苯乙烯塑料，质量较轻并且具有良好的耐热性和耐磨性。
使用步骤
将小方凳底座拆下
拿起安全绳前端扣环固定牢固
抛下小方凳
顺着安全绳速降逃生

图 5-37

应急路障锥设计

Emergency roadblocks design

DESIGN CONCEPT:

“应急路障锥设计”是一款融合了精确划定警示隔离区域功能的路障锥设计。在遇到道路施工、车祸、临时分割车流等交通紧急情况时可以利用应急路障顶部内置的警示隔离带将数个应急路障锥连接起来，相较于传统路障锥能更精准地划定危险区域。其警示效果更加醒目和直观，对人和车辆能起到更好地警示和引导作用，能有效避免人群和车辆的误入，从而更好地保护事故或施工现场，引导交通。

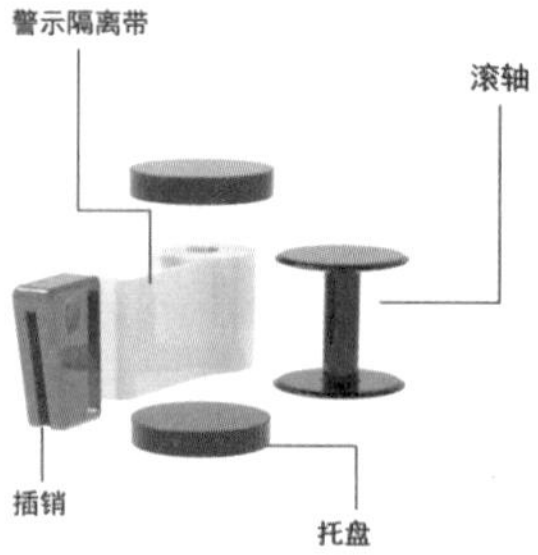

图 5-38

参考文献

【1】佐藤大.佐藤大：用设计解决问题[M]. 北京：北京时代华文书局，2016.

【2】后显慧. 产品的视角：从热闹到门道[M]. 北京：机械工业出版社，2015.

【3】白虹.思维导图[M]. 北京：中国华侨出版社，2014.

【4】余建荣,王年文,胡新明.工业产品设计[M].武汉：湖北美术出版社，2008.

【5】丁玉兰.人机工程学[M].北京：北京理工大学出版社，2011.

【6】鲁百年. 创新设计思维:设计思维方法论以及实践手册[M]. 北京：清华大学出版社，2015.

【7】梁玲琳.产品概念设计[M].北京：高等教育出版社，2009.

【8】苏颜丽,胡晓涛.产品形态设计[M].上海：上海科学技术出版社，2010.

【9】沈杰.理解与创新:体验产品设计的思维激荡[M].南京：江苏美术出版社，2013 .

【10】何颂飞，张娟.工业设计：内涵·思维·创意[M]. 北京：中国青年出版社，2007.

【11】李乐山.工业设计思想基础[M]. 北京：中国建筑工业出版社，2007.

图书在版编目（CIP）数据

产品设计创意思维方法：观察·思考·创造/熊伟，曹小琴主编. —合肥：合肥工业大学出版社，2017.3
ISBN 978-7-5650-3292-9
Ⅰ.①产… Ⅱ.①熊… ②曹…Ⅲ. ①产品设计—高等学校—教材 Ⅳ.①TB472

中国版本图书馆CIP数据核字（2017）第044773号

产品设计创意思维方法：观察·思考·创造

主 编：熊 伟 曹小琴 责任编辑：袁 媛 王 磊
书 名：普通高等教育应用技术型院校艺术设计类专业规划教材——产品设计创意思维方法:观察·思考·创造
出 版：合肥工业大学出版社
地 址：合肥市屯溪路193号
邮 编：230009
网 址：www.hfutpress.com.cn
发 行：全国新华书店
印 刷：安徽联众印刷有限公司
开 本：889mm×1194mm 1/16
印 张：7.5
字 数：260千字
版 次：2017年3月第1版
印 次：2017年3月第1次印刷
标准书号：ISBN 978-7-5650-3292-9
定 价：48.00元
发行部电话：0551-62903188